애매모호해서 흥미진진한 지리 이야기

애매모호해서 흥미진진한 지리+α 이야기

지구 생태계부터 인종·국경·도시 이야기까지

김성환 지음

푸른길

머리말

'이것도 저것도 아니다'라는 '색안경'을 벗고,
'이것도 저것도 될 수 있다'라는 '가능성의 렌즈'로 바라보는
애매모호함의 재발견

사실 세상에는 애매모호한 것이 무척 많다. 일부러 내색하거나 물어보지 않을 뿐이다. 다양한 사물과 현상이 존재하는 만큼 모호함은 자연스러운 현상일 수 있다. 오히려 구분하기 어려운 부분을 구분하려는 시도가 때때로 문제를 야기하기도 한다. 따라서 경계는 가급적으로 선(線)보다 면(面)으로 인식되었으면 좋겠다. 경계를 통한 구분 짓기는 완벽하지 않고 위험할 수 있으며, 그것은 늘 인위적으로 설정되기에 그렇다.

흑백논리, 양자택일의 이분법적 사고가 때로는 우리의 수용적 태도와 창의적 사고를 가로막을 수 있다. 옳고 그름을 판단하고 흑과 백으로 구분 짓는 사회는 승자와 패자로 나뉠 수밖에 없다. 각자의 선택이 존중받고 서로의 다름을 이해하며 공존하는 사회는 아름다우며 모두가 승자다. 그 선택과 다름이 행여 구분되지 않은 애매모호한 것일지라도 말이다. 자연의 원리는 다양성을 기반으로 하며, 인간과 사회는 복잡성을 특징으로 하므로 원래부터 모호투성이다. 따라서 무엇이 절대적으로 옳거나 그르다고 판단을 내리기 모호한 영역이 존재할 수밖에 없다.

애매모호해서 흥미진진한 지리 이야기

원래는 경계도 없었고 구분도 없었다. 인간이 만든 성급한 경계와 구분이 지금 우리를 이렇게 불행하게 만들었을지도 모른다. 보수와 진보, 금수저와 흙수저, 주류와 비주류 같은 용어들처럼 정치적·경제적·문화적 분야를 비롯한 많은 것들이 이분법으로 나뉘고 양쪽 간 대립은 극한의 갈등과 혐오로 바뀌어 사회적 비용을 지불하고 있다. 각자의 다양성은 무시된 채 오로지 네 편과 내 편으로만 나눠 서로를 비방하고 공격하는 세상이 되었다. 갈등과 대립이 일상에 만연한 사회에서 애매모호함이라는 중간 지대는 서로를 이해하고 소통할 수 있는 '중재자'임과 동시에 섞임으로써 화해하고 공존할 수 있는 '장(場)'으로서의 역할을 기대해 볼 수 있다.

애매모호함은 균형을 유지하는 데 중요한 역할을 한다. 균형이란 서로 다른 요소들이 적절히 조율되어 하나의 조화로운 전체를 이루는 것을 의미한다. 이러한 균형을 이루기 위해서는 애매모호함이 필요한데 그 이유는 어떤 것이든지 서로 다른 요소들을 조화롭게 이어 붙이기 위해서는 대립하는 요소들 사이에서 타협점을 찾아야 하기 때문이다. 이를 위해서는 다양한 가능성을 고려하고, 새로운 아이디어를 제시하면서 공통의 이익을 도출해야 하는데 이러한 것들은 대개 애매모호한 상황에서 비롯되는 경우가 많다.

또한 애매모호함이 허용되어야 생태적 균형도 이룰 수 있다. 생태계는 복잡한 상호작용과 다양한 환경 조건에 의해 영향을 받는다. 다양한 스펙트럼상의 생명체들은 저마다 새로운 환경에 유연하게 반응하고 적응하면서 생태계의 균형과 안정성을 유지하기 위해 각자의 역할을 충분히 하고 있다. 따라서 애매모호함이 허용되지 않고 자연의 생물 다양성이 사라진다면 생태계의 지속 가능성은 장담할 수 없다.

인적·문화적·경제적·이념적 다양성은 사회와 조직의 발전을 촉진하는 데 중요한 역할을 한다. 이러한 다양성을 구현하기 위해서도 모호함을 허용하고 관대하게 대할 필요가 있다. 다양성을 존중하고 포용하는 문화를 통해 사람들은 서로 다른 관점에서 세상을 바라보며 존중하고 배울 수 있다. 또한 조직 구성원의 다양성은 소통과 협력 측면에서도 중요하다. 상대방의 의견이나 관점을 이해하고 다양한 가능성을 고려하면서 협력적인 문화를 만들어 나가며 혁신적인 아이디어가 나올 수 있는 환경을 제공하기 때문이다. 세계적인 글로벌 기업들이 이러한 다양성을 포용하는 모습들은 단순히 올바르기 때문이 아니라 그것이 더 효율적이라고 느껴지기 때문이다. 다양성이 공존하는 사회일수록 경제적 부와 창의성이 증가한다는 많은 연구 결과 등을 우리는 주목해 볼 필요가 있다.

창의성도 모호함에서 출발하는 경우가 많다. 모호함은 문제 해결을 위한 명확한 답이 없으며 다양한 해석이 가능한 상황을 말하는데 이는 창의성을 유발하는 데 중요한 역할을 할 수 있다. 모호한 상황에서는 새로운 접근법이나 다양한 관점이 필요하며 이를 통해 기존의 규칙과 제약을 벗어나 새로운 가능성을 탐구할 수 있다. 이렇듯 정해진 방법과 결론을 흔들 수 있는 모호한 상황은 기존의 패턴을 벗어난 새로운 관점을 유도하므로 창의성을 자극할 수 있게 된다.

애매모호해서 흥미진진한 지리 이야기

이성을 지식의 근원으로 보는 합리주의에서는 모든 것들에 대해 근거와 증명을 요구했다. 논리를 앞세운 이성은 그것들을 제시하지 못한 것들에 대해서는 철저히 낙인을 찍어 배척했다. 애매모호한 모든 것들은 합리적 이성의 요구에 무릎을 꿇고 '올 오어 낫싱All or Nothing'이라는 양자택일 앞에 자리를 내어 줄 수밖에 없었다. 하지만 이성을 넘어 창의성이 주목받는 시대를 살아가는 우리에게 애매모호함은 더 많은 선택과 가능성을 열어 주는 새로운 가치를 지니고 있어 이를 새롭게 조명하고 재해석할 필요가 있다.

마크 폭스Mark L. Fox는 『창조경영 트리즈』에서 창조성은 애매모호함에서 시작한다고 말한다. 사람들은 인생에서 구체적인 것을 선호하고 모든 것이 명료하기를 바라는데 그것은 창조성에 대한 가장 큰 장애물이라고 마크 폭스는 말했다. 특정한 방식만이 유일하거나 최선일 것이라는 생각의 틀을 벗어나기 위해 우리는 판단하지 않는 문화를 조성할 필요가 있다. 그러한 문화 속에 우리는 문제를 다르게 해석하고 개념과 논리를 뛰어넘어 새로운 아이디어로 발전시킬 수 있을 것이다.

정리하자면 인간 사회의 복잡성과 자연 현상의 다양성으로 인해 모호함은 반드시 존재한다. 모호함에 대한 허용은 창의성을 유발하고, 다양성을 존중하며, 조화로운 균형 사회를 만들어 가는 데 중요한 역할을 할 것임이 분명해 보인다.

오해의 소지를 없애자면, 애매모호한 모든 것이 바람직하기 때문에 무비판적으로 수용되어야 한다는 입장은 절대 아니다. 이것은 '확실하고 분명한' 것과 대칭되는 또 하나의 이분법적 구분 짓기를 하는 오류에 불과하므로 역시 경계해야 한다. 다만 애매모호한 것이 모두 폄하되고 무가치한 것만은 아니며, 충분히 의미를 부여하고 가치를 발견할 수 있음에 주목하고자 한다.

의사소통 과정에서 애매모호함은 입장이 불분명하고 혼란을 초래할 수 있어 가급적 피해야 한다. 이는 불필요한 오해와 갈등을 유발할 수 있어 관계를 어렵게 만들 수 있으며 비생산적이고 비효율적이기 때문이다. 또한 명확한 원칙이나 절대적 가치를 가지는 문제에 대해서도 확실한 결론을 내리는 것이 중요한 것도 있다. 특히 법적·윤리적 문제에 대해서는 적절한 판단과 결정이 필요하기도 하며, 조직의 미션과 비전 등은 명확할수록 좋기 때문이다.

구분 짓기가 초래한 폐쇄성과 배타성으로 우리는 지금 대립과 갈등이 만연한 시대를 살고 있다. 이제는 이분법적 사고와 판단을 조금 내려놓고 다양함을 인정하고 존중하는 사회가 되기를 소망한다. '극과 극'의 갈등과 대립에서 벗어나 이해와 포용을 갖춘 성숙한 시민의식과 통합된 사회가 되어 모두가 행복한 내일을 희망해 본다. 우리는 좀 더 유연해져야 하고 포용적이어야 할 필요가 있다. 서로의 다름을 맞고 틀림으로 구분하는 것만큼 위험한 일도 없기 때문이다.

자연과 삶의 모습에서 필연적으로 존재하고 있지만 불분명해 보여 홀대받았고, 보잘것없어 하찮아 보였던 '애매모호함'. 이것을 재조명하고 이전에 없던 새로운 가치를 찾아다녔던 시간은 참으로 특별한 시간이었다. '이렇게까지 할 필요가 있을까?'라는 의구심과 '이런 것을 한다고 달라질 게 있겠어?'라는 회의감도 들었지만, 쓸모없음에서 쓸모 있음의 의미를 발견하기 위해 고민하고 노력한 과정은 마치 생명을 불어넣는 듯한 뿌듯한 성취감을 주었다.

이 글을 읽는 여러분에게도 애매모호함을 재해석하는 재밌고도 새로운 시선들이 생겨나길 바라본다. 나아가 서로의 다름을 포용할 줄 알며 다름도 공

애매모호해서 흥미진진한 지리 이야기

존할 수 있다는 확신이 퍼져 나가길 소망한다. 한편으로는 어디에 속하지 못한 사람들에게 위로가 되고, 아직 선택하지 못하고 결정하지 못한 사람들에게는 응원이 되길 바란다. 그것은 애매모호함이 반드시 틀린 것만은 아니며 단지 다른 것일 수 있기 때문이다.

세상의 그 어떤 것도 내가 의미를 부여하기 전에는 그 어떤 의미도 가질 수 없다.

―엘리너 루즈벨트Eleanor Roosevelt

기준을 벗어난, 그리하여 '애매모호함'이라 불리는 모든 것들이 항상 '폄하'될 필요는 없다.

―김성환Kim seong hwan

차례

머리말 *4*

제1화 애매모호함을 허용하지 않는 구분 짓기

1. 우리가 사는 한반도가 원래 모호한 곳이라고? *15*
2. 자연 본래의 이치이자 가장 자연스러운 모습, 애매모호함 *19*
3. 단일민족이라는 신념, 그리고 인종을 구분하려는 숨은 의도 *23*
4. 구분 짓기의 시작, 학교 *26*

제2화 애매모호함이 사라질 때의 경고

1. 생태적 애매모호함이 사라졌을 때 나타나는 위기 *33*
2. 공장식 축산으로 획일화된 가축들의 위험 *37*
3. 동물다양성 감소가 식물에 미치는 영향 *43*
4. 세계화로 인한 문화 획일화와 언어 소멸 *47*

제3화 애매모호함의 매력

1. 워케이션, 일과 휴가의 애매모호한 동거 *57*
2. 모호함 속에서 재해석된 의식주 *62*
3. 산지도 평야도 아닌 '구릉'의 가치와 매력 *67*
4. 애매모호함을 거쳐야 나오는 창의적 예술작품 *78*
5. 애매모호의 황금비를 찾아라! 커피 블렌딩 *86*
6. 경계의 새로운 가능성 *90*

제4화 애매모호함의 가치

1. 점이지대 DMZ의 가치와 새로운 미래 99
2. 중용, 치우침 없는 삶의 지혜를 말하다 105
3. 더운 공기와 찬 공기 간 세력다툼, 길어도 짧아도 문제인 장마 110
4. 바다 같기도 하고 육지 같기도 한 갯벌의 가치 115
5. 바닷물도 민물도 아닌 것이 '동해안의 보물'이라네 120
6. 이곳저곳 의외의 쓸모, 애매모호함 124
7. 산도 좋고 바다도 좋은, 매력이 넘치는 동해안 127

제5화 애매모호함의 역할

1. 제국주의 국가 간의 완충지대, 와칸회랑 133
2. 완충지대가 흔들리자 전쟁이 일어났다고? 137
3. 균형과 다양성으로서의 애매모호함 142
4. 과거를 품은 빙하와 만년설, 영구동토층 146
5. 애매모호해서 오히려 평화로운 대륙, 남극 158
6. 살려야 하는 어중간한 지방 도시들 169

제6화 애매모호함의 재미

1. 경계가 주는 재미 그리고 가능성 187
2. 적도 위에서 노는 나라가 있다고? 191
3. 네덜란드-벨기에의 국경 마을 바를러 195
4. 미국-캐나다 국경, 한 건물에서 두 나라를 넘나들다 200

5. 아르헨티나–브라질–파라과이의 국경이 만나는 곳   *204*

6. '중간 지역'의 도시 재생, 핫플이 되는 과정   *208*

제7화 애매모호함의 전략

1. 중립국, 이쪽 편도 저쪽 편도 아닌 나라   *217*

2. '캔버라'는 어떻게 호주의 수도가 되었을까?   *222*

3. 전략적 모호성이 절실한 대미(對美)·대중(對中) 관계   *228*

4. 사찰 같은 성당과 원주민을 닮은 성모상   *234*

5. 메타버스 오페라, 예술과 기술이 만나다   *237*

6. 스타벅스의 창조적 문화 융합과 현지화   *240*

7. 성장하는 기업의 비결, 다양성과 포용성의 시너지   *244*

8. 인구 위기와 이민 논의, 그리고 다양성 사회   *253*

9. '다름과 섞임' 속에서 경쟁력을 찾은 다문화국가 호주   *259*

참고문헌   *265*

제1화

애매모호함을
허용하지 않는 구분 짓기

1.
우리가 사는 한반도가 원래 모호한 곳이라고?

　우리들의 옷장에는 사계절이 그대로 담겨 있다. 얇은 반팔부터 두꺼운 패딩까지 그 종류와 두께는 계절과 온도에 따라 달라진다. 이러한 옷들은 우리를 추위와 더위로부터 보호하고 자신만의 개성을 표현하는 수단이 되어 준다. 냉방용품과 난방용품, 제습기와 가습기 등의 가전제품도 각 계절에 맞는 실내환경을 쾌적하게 유지하기 위해 사용된다. 그뿐만 아니라 더위에 대비한 대청마루와 추위를 이겨 낼 수 있었던 온돌 문화도 우리나라의 계절별 기후 특성과 밀접한 관련이 있다.

　이러한 기후 특성을 이해하기 위해서는 먼저 우리나라의 위치를 파악할 필요가 있다. 김치에 진심인 한국인이 계절과 지역에 상관없이 맛있는 김치를 맛보기 위해 세계 최초의 김치냉장고를 개발하고, 황사 및 미세먼지의 국민 관심도가 높아지면서 우리나라가 공기청정기 제조업체들의 글로벌 각축장

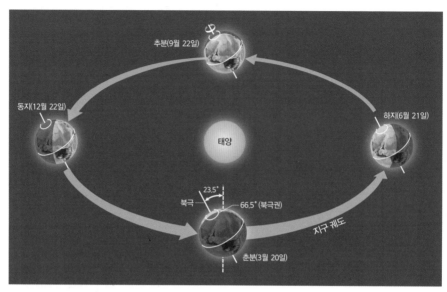

지구의 공전과 계절 변화

이 된 것은 사실 우리나라의 위치와 관련이 있다.

만약 우리나라가 적도 근처 저위도나 극지방에 가까운 고위도에 있었다면 어땠을까? 저위도라면 덥고 습한 여름 위주의 열대기후가 나타날 것이고, 고위도라면 겨울이 몹시 춥고 긴 냉·한대 기후가 되었을 것이다. 하지만 우리나라는 수리적 위치상 '중위도*'에 있어 사계절의 변화가 뚜렷하고 냉·온대 기후가 나타난다. 지구는 23.5° 기울어진 채로 태양 주위를 공전하는데 중위도 지역은 계절별 태양의 고도 변화량이 가장 큰 위치이기 때문에 비교적 봄·여름·가을·겨울이 명확하다. 제철마다 나오는 산해진미를 맛보고, 봄에

---

* 저위도와 고위도의 중간으로 위도 30~60°에 이르는 지역

애매모호해서 흥미진진한 지리 이야기

는 꽃놀이, 여름에는 물놀이, 가을에는 단풍놀이, 겨울에는 눈놀이 등 계절마다 다양한 여가 문화를 즐길 수 있었던 이유도 우리나라의 애매한 위치 덕분인 셈이다.

또한 우리 국민이 살아가는 영토로서의 한반도는 지리적 위치상 해양과 대륙의 영향을 모두 받는 모호한 곳이다. '유라시아 대륙 동쪽 해안'에 위치한 우리나라는 여름에는 바다로부터 고온 다습한 바람이 불고, 겨울에는 육지로부터 한랭 건조한 바람이 부는 계절풍 기후가 나타난다. 일 년 내내 편서풍의 영향을 받는 대부분의 유럽과 달리 계절마다 바람의 방향과 특성이 바뀌는 애매한 공간이다.

그렇다고 편서풍의 영향이 전혀 없는 것일까? 대기대순환*에 따라 중위도에 속한 우리나라는 편서풍대에 속한다. 중위도로 북상하는 태풍의 이동 경로가 동쪽으로 휘어지고, 황사나 미세먼지가 서쪽에서부터 날아오는 것도 편서풍의 영향을 받기 때문이다. 다만 바다로부터 장애물 없이 불어오는 유럽의 편서풍과 달리, 각종 지형지물을 넘어 우리나라로 불어오는 편서풍은 일정하지 못한 편이다. 그래서 우리나라 기후는 편서풍보다는 계절풍의 영향을 크게 받아 기온과 강수의 계절별 차이가 크게 나타난다. 한마디로 표현하자면 '편서풍대에 속하지만 계절풍이 우세한 곳'이랄까?

마지막으로 우리나라는 지리적 위치 특성상 '반도 국가**'로서 대륙과 해양 양방향으로 진출 교류에 유리하지만, 대륙 세력과 해양 세력 간 또는 자본주

---

* 지구 전체를 둘러싼 대기 운동
** UN회원국 195개 국가 중 몽골처럼 바다가 없는 '내륙국'이 45개국, 영국처럼 섬으로 이루어진 '해양국'이 50개국이다. 우리나라처럼 내륙국도 해양국도 아닌 '반도국'이거나 바다와 일부 접하고 있는 나라는 모두 100개국이다.

우리나라의 위치

우리나라는 중위도에 위치하면서 유라시아 대륙 동쪽 해안의 반도 국가로서 자리하고 있다.

의 진영과 공산주의 진영 간 대립하는 공간이기도 하였다. 오늘날 태평양 시대 동북아시아의 중심국가로서 우뚝 서고, 유럽과 아시아, 북아메리카를 잇는 관문 역할을 하는 지리적 요충지가 된 것은 반도 국가의 특성을 잘 활용한 결과라고 볼 수도 있다. 아직은 분단되어 태평양과 유라시아 대륙을 연결하는 교통과 물류 허브로서 우리나라의 역할이 다소 제한적이지만, 통일을 이룬다면 반도적 위치로서의 장점을 살려 유럽과 육로로 본격적으로 교류할 수 있는 토대가 될 것이다.

애매모호해서 흥미진진한 지리 이야기

2.
자연 본래의 이치이자
가장 자연스러운 모습, 애매모호함

　자연은 원래부터 애매모호투성이다. 다음 페이지의 사진에서 몇 마리 정도가 딱정벌레에 속할까? 사진 속 모든 곤충이 딱정벌레라면 믿기겠는가? 애매모호한 곤충이 나타났을 때 잘 모르겠다면 딱정벌레라고 답하면 40%는 맞는 말이다. 40만 종류의 수많은 딱정벌레를 우리는 어디서나 쉽게 찾아볼 수 있다. 우리가 흔히 아는 사슴벌레, 소똥구리, 풍뎅이, 무당벌레, 하늘소 등도 모두 딱정벌레에 속한다. 혹자는 딱정벌레에 대한 신의 과도한 사랑에서 우리는 신의 존재를 유추할 수 있다고 말하기도 한다.

　이들의 생김새는 어찌나 다양한지 깜짝 놀랄 정도이다. 하늘소처럼 더듬이가 제 몸보다 길기도 하고, 바구미처럼 주둥이가 코끼리 코같이 길쭉하기도 하고, 사슴벌레처럼 큰 뿔이 솟아 있기도 하고, 무당벌레처럼 동글동글한 모양과 무늬를 띠기도 한다. 비단벌레처럼 몸이 반짝반짝 빛나기도 하고, 잎벌

딱정벌레의 다양성
딱정벌레는 알려진 모든 생명체의 거의 25%를 구성한다. 알려진 모든 곤충의 약 40%(약 40만 종)가 딱정벌레이며, 그리고 새로운 종들이 자주 발견되고 있다(출처: 위키피디아).

레처럼 알록달록한 여러 가지 빛깔이 돌기도 하는 등 개성 있는 각기 제 모습 그대로 자연 속에 적응하고 어울려 살아간다. 애매모호함이란 획일성(순수성)을 거부(혐오)하는 자연 본래의 이치일 수 있으며, 가장 자연스러운 모습일 수 있다.

학자마다 조금씩 다를 수 있겠지만 현재까지 지구상에서 알려진 생물종은 약 150만 종이다. 지금도 학계에서는 새로운 종이 꾸준히 보고되고 있는데 아직까지 발견하지 못한 종까지 포함하면 약 1,000만 종에 이를 것으로 추정된다. 애매모호함은 자연의 다양성과 복잡성을 반영하는 특성이다. 생물다양성*은 생태계의 안정성과 기능을 유지하는 데 중요한 역할을 한다. 생물다양성은 서로 다른 생물종이 다양한 역할을 하며 생태계 내에서 상호작용하고

애매모호해서 흥미진진한 지리 이야기

복잡한 먹이사슬을 형성하도록 도울 뿐만 아니라 자연재해나 생태계 교란을 겪은 뒤에도 스스로 복원하는 능력을 높여 주는 역할을 한다. 또한 인류는 식량을 비롯한 의식주 재료 대부분과 의약품 등의 원료까지도 다양한 생물로부터 얻는다. 현재도 처방하는 약의 4분의 1 정도는 식물로부터 추출한 것이며, 3,000여 종류의 항생제를 미생물에서 얻고 있다(김성호, 2020). 생물다양성이 인류의 생존과 지속 가능성을 위해 반드시 보존되어야 하는 이유이다.

그렇다면 다양하고 복잡한 세상을 살아가는 우리에게 이러한 자연의 원리가 주는 메시지는 과연 무엇일까? 그것은 다양성과 모호성을 포용하는 우리의 유연한 관점과 태도일 것이다. 남과 다른 차이가 차별로 이어져서는 안 된다. 차이를 바탕으로 비교 판단하여 정상과 비정상, 선과 악, 호와 불호가 갈리면 가치가 내포된 '차별'이 된다. 다름은 판단의 대상이 아니라 인정하고 존중받아야 할 영역이다.

우리는 모든 사람이 같은 모습으로 살아가기를 강요하는 정답사회에 익숙해져 있다. 정답에서 어긋나고 예상에서 벗어나면 실패한 것이고 틀린 것이라고 판단되어 낙인찍히지 않으려고 노심초사 어떻게든 정답만을 붙잡으려는 모습이다. 한 가지 정답(모습)만이 존재할 거라는 착각을 벗어던져야 한다. 다름을 거부하는 사회는 인간의 존엄성, 자유, 평등의 기본권 등의 가치를 실현할 수 없다.

크기 모양 빛깔이 각자 다르지만 저마다의 생존전략을 가지고 주변의 환경과 조화롭게 공존하는 딱정벌레로부터 우리는 배워야 한다. 최재천의『다르

---

* 생물다양성이란 생태계 다양성, 생물종 다양성 및 유전자 다양성을 포함하는 개념

애매모호함의 끝판왕, 딱정벌레의 끝없는 역할!

딱정벌레는 생태계에서 식물의 조직을 먹거나 동물의 사체와 분뇨를 처리하는 분해자의 역할을 하고 있다. 또한 다른 곤충과 절지동물(節肢動物)을 잡아먹는 포식자 등의 역할을 수행하면서 생태계를 건강하게 유지하는 중요한 역할을 하고 있다.

앨버타대학교 연구에서는 딱정벌레들의 배설물이 산불 이후, 식생을 재생하는 데 도움을 주는 토양 영양분들을 보충하는 데 중요한 역할을 하여 산림 회복에 도움을 준다는 사실을 입증했다. 산림 보호에 있어서도 딱정벌레의 유용성은 이미 입증된 바 있다. 일례로, 독일 본 대학의 연구진은 갓 탄 나무에 산란하는 습성이 있어 80km나 떨어진 먼 거리에서도 산불을 감지할 수 있는 딱정벌레의 감지 능력을 모방하여 산불을 감지할 수 있는 시스템을 개발하기도 하였다.

또한 딱정벌레는 미래 식량 문제의 해결책으로도 주목받고 있다. 딱정벌레의 애벌레는 풍부한 단백질과 지방을 공급하는 지속 가능한 식재료가 될 수 있기 때문이란다. 딱정벌레는 다른 생물과 더불어 이제 지구상에서 없어서는 안 될 존재가 되었으며, 지구를 더욱 풍요롭게 만드는 소중한 생명체이다.

면 다를수록』에서는 동식물이 지닌 재미있는 습성을 생태학자의 날카로운 시선으로 포착하되 그들을 비교하거나 우열을 가리지 않고 있다. 그가 한 말이 귓가에 자꾸 맴돌면서 고개가 절로 끄덕여진다.

"달라서 아름답고, 다르니까 특별하고, 다르므로 재미있다!"

애매모호해서 흥미진진한 지리 이야기

3.
단일민족이라는 신념,
그리고 인종을 구분하려는 숨은 의도

우리나라는 1988년 서울올림픽 성공 개최 이후 국제적 위상이 한층 올라가고 경제 수준의 향상으로 1990년대 전후부터 본격적으로 외국인 노동력이 국내로 유입되기 시작됐다. 이들은 외국인 근로자로 일컬어지며 주로 농어업 및 제조업 분야의 3D 저임금 노동력을 담당하며 꾸준히 증가하여 현재까지 한국 사회 외국인 주민 중 가장 큰 비율을 차지하고 있다.

또한 산업화 도시화로 인한 농촌 성비(性比) 불균형은 심각한 사회 문제로 등장하면서 농촌총각 장가보내기 사업 등을 통해 국제결혼을 장려하기도 하였다. 이로써 결혼이주여성으로 대표되는 결혼이민자는 해마다 꾸준한 증가를 보여 왔고 2020년 기준 외국인 주민이 215만 명이 넘고 외국인 주민 자녀만 약 25만 명에 이르는 명실상부한 다문화·다민족 사회가 되었다.

최근의 변화뿐만 아니라 과거 약 2000년 전 김해가 가락국이던 시절에도 인도 아유타국의 공주가 배를 타고 먼 타국으로 건너와 수로왕과 우리나라 최초의 국제결혼이 이루어졌다. 고려시대에도 몽골인과의 국제결혼이 있었는데 고려가 30여 년에 걸친 전쟁 끝에 1259년 원(몽골)에 항복한 후 약 100년간 이어진 원 간섭기에는 고려의 반란을 막기 위해 고려의 왕과 원(몽골)의 공주를 혼인시켰다. 이는 원의 공주와 결혼한 자가 고려의 왕이 되었고, 원 공주의 아들을 고려의 다음 왕으로 삼으려는 계획이었다. 이런 점들을 비춰보면 단일민족을 운운하는 것 자체가 곤란하며 실제 존재하기는 했으려나 의문이 생긴다.

민족이라는 표현은 단일 혈통을 강조하는 개념처럼 여겨질 수 있지만 '특정 지역에 오랜 기간 함께 살아가면서 언어, 문화, 전통, 풍습, 역사 등에서 공통성을 갖는 집단'이라고 보는 것이 일반적이다. 하지만 우리나라에서 한(韓)민족은 단군이라는 시조로부터 이어지는 순수한 단일 혈통으로서 바라보고 생각해 온 것은 부인할 수 없는 사실이다. 물론 단일민족을 강조하는 인식은 외세의 침략에 대해 단결하여 대응하고 극복하는 방안으로 작용했을 뿐 아니라 남북통일의 당위성을 주장하는 전략으로 활용되기도 한다.

이렇듯 민족주의의 한 형태일 수 있는 단일민족사관은 우리 한민족의 자긍심과 정체성으로 작용한 것은 분명하지만, 이는 필연적으로 폐쇄성과 배타성을 수반하면서 편견과 차별로 작동할 수 있다는 점을 간과해서는 안 된다.

인종적으로 우리는 유럽계(백인)와 아프리카계(흑인)의 중간 정도인 아시아계(황인)라고 말하기도 한다. 하지만 인종이라는 개념은 지배문화에 있는 사람들이 오랜 세월에 걸쳐 만들어 온 사회적 개념이다. 과학적 근거에 기반한 과학적 개념이 결코 아닌 것이다. 피부색에 따라 인간의 계급을 만들고 피

'인종'은 과학적 개념이 아니라고 지적한 『인종주의에 물든 과학』(조너선 마크스, 2017)

부색이 어두운 사람들을 가치 없는 존재로 여길 방편이었고, 인종 차별에 대한 정당성을 부여하기 위해서였다. 생물학적으로 모든 인간의 유전체genome는 99.9% 일치할 정도로 모든 인간은 동일 종이다. 다만 물려받은 유전자gene와 환경 요인 등에 따라 다양한 신체적 및 정신적 특성을 보이는 것이다. 이렇듯 인종차별주의는 과학적으로 틀린 것이고 인간을 대하는 태도로서도 바람직하지 못하다. 무심코 우리가 인종을 구분하거나 단일민족을 신념화했던 일종의 '구분 짓기'는 어쩌면 권력에 의한 인위적인 경계 설정이지 않았을까?

세계 곳곳의 현상들이 긴밀하게 연결되어 있고 인류가 직면한 지구촌 이슈에 대한 문제 해결을 위해서 우리에게 필요한 것은 무엇일까? 국가와 인종(혹은 민족)을 넘어 상호 이해와 협력 그리고 연대를 위해서는 구분 짓기로 인한 폐쇄성과 배타성을 경계해야 한다. 다양한 문화와 배경을 가진 사람들과 더불어 살아가려는 태도와 '세계는 하나의 가족', '인류는 운명공동체'라는 세계시민의식이 우리에게 어느 때보다도 필요한 시기가 되었다.

4.
구분 짓기의 시작, 학교

애매모호함을 허용하지 않는 학교

구분 짓기를 하는 순간 애매모호함은 설 자리를 잃는다. 때로는 어디에도 속하고 싶지 않은 개인에게 어디에 속해야만 할 것 같은 구분과 소속을 강요하는 세상을 살면서 과한 스트레스를 받고 있지는 않나 되돌아본다.

초등학교, 중학교까지는 그래도 구분이 안 된다. 구분할 필요도 없고 구분을 해 보려 해도 할 수 없다. 남자 혹은 여자만 있는 초등학교는 없고, 공부를 잘하든 못하든 진로 진학이 무엇이든 중학교까지는 다양한 학생들이 섞여 있다. 그런 구분 없음이 끝나는 시점이 바로 고입이라고 할 수 있다. 성적 또는 진학의 유불리에 따라 일반고, 특목고, 자사고, 특성화고 등으로 나누어진다. 학생의 잠재된 역량 또는 자신의 진로 설정이 충분히 고려되지 않고 대학 입시에 유리하니까, 부모님의 권유로 고교 선택을 하고 나뉘는 경우가 부지기

애매모호해서 흥미진진한 지리 이야기

수다.

그렇게 고등학교에 진학하니, 중학교 과정과는 차원이 다른 방대한 학습량과 수준으로 적응하기 힘들고 바쁘다. 내신 상대평가마저 준비해야 한다. 성적을 차례대로 줄 세워 아홉 등급으로 철저히 구분하고 고교 성적대로 대학 입시 당락이 결정되기 때문이다. 학생부종합전형과 같은 비교과영역을 강조하는 부분이 늘어났다고는 하나 고교 수준과 내신 성적의 위력은 여전히 큰 영향력으로 작동되는 불편한 현실이다. 선의의 경쟁을 강조하고 독려하지만, 내신 9등급제 안에서 선의의 경쟁은 구호로 그치는 경우가 많다. 구조적으로 내신은 낙오자가 더 많이 생길 수밖에 없는 시스템인 것이다. 내신 4~9등급까지는 자신이 원하는 대학을 가기가 쉽지 않다. 그런데 내신 4~9등급을 차지하는 비율은 인원의 77%를 차지한다. 친구보다 더 잘해야 한다는 것은 상대적으로 친구가 나보다 시험을 못 봐야만 하는 것이다. 내신 경쟁 제로섬 게임에서는 갈등과 분쟁이 늘 잠재되어 있다. 학교에서 더불어 사는 시민 교육이 너무나도 어렵고 버거운 이유는 어쩌면 고교 내신 경쟁에서 비롯된 것일지도 모른다.

2025년 고교학점제가 본격 도입되면서 9등급제는 5등급제로 바뀌고 성취평가제로 전환된다는 점은 환영할 만하나 학교 현장의 물적, 인적 준비는 설득하고 기한이 있다고 해서 준비되는 것이 아니다. 현재 대입 시스템이 그대로인 이상 고교학점제는 무력화되거나, 다른 편법이 등장하고 성행할 우려가 큰 점은 너무나도 비교육적이며 여러 교육 전문가들이 우려하는 바이다.

인싸와 아싸, 수시파와 정시파, 문과와 이과

담임을 하던 중 학급에 인싸와 아싸*가 있다는 것을 들었다. 나의 학창시절을 돌아보더라도 잘 어울려 지내는 친구들이 있었으며, 잘 못 어울리는 친구들이 있었기에 대수롭지 않게 여겼다. 하지만 곰곰이 생각해 보니 아싸가 겪고 있을 고민과 학교생활에서의 어려움이 순간 감정이입이 되면서 뭔가 정리하고 훈육해야겠다는 생각이 불현듯 들었다. 학생들은 인싸가 되기 위해 때로는 자신을 포장하고 드러내면서 학업에 집중할 에너지를 인간관계에 지나치게 쏟고 있었다. 오죽하면 인싸·아싸 테스트가 있고 테스트 평가 체크리스트를 하나씩 스펙쌓기처럼 채우는 학생들도 있었다. 인싸들은 인싸 나름대로 그것을 유지하고 강화하기 위해서, 아싸는 아싸대로 외롭지 않고 괜찮아 보이려고 애쓰는 모습이 안타까웠다. 학생들에게 구분 짓기의 불편함과 훈육의 취지를 설명하고 공감을 얻어 우리 교실에서는 앞으로 인싸와 아싸라는 구분 짓기는 없다고 선언하였다. 인싸는 인사이더insider가 아니라 'insight(인사이트, 통찰력)'를 갖춘 사람을 칭할 때나 쓰는 말이라고 그럴듯하게 포장하면서 말이다. 남들에게 어떻게 보이고 평가받는지 외부적 평가가 본인의 내면이나 실제 모습보다 중요시되는 것 같아서 씁쓸하다.

구분 짓기가 본격 시작되던 고입 이후 1년간은 그나마 구분 짓기가 덜하다. 서로 간의 탐색 후 친구도 사귀어야 하고 학교생활 적응이 바쁘기 때문이다. 하지만 1학년을 마치고 겨울방학을 맞이할 즈음이면 내신을 계속해야 할지 말아야 할지 학생들은 고민에 빠진다. 그리고선 내신을 계속할 수시모집과

---

* 인싸란 '인사이더(insider)'라는 뜻으로, 사람들과 잘 어울려 지내는 사람을 이른다. 반대로 아싸는 '아웃사이더(outsider)'를 줄인 말로, 여러 사람과 잘 어울리지 못하는 사람들을 가리킬 때 쓰는 말이다.

애매모호해서 흥미진진한 지리 이야기

(내신파)와 정시모집파(수능파)로 또 나누어진다. 그리고 수시파와 정시파에 걸친 학생들마저도 물리적으로 학습량이 많아져 수시든 정시든 택1을 해야 선택과 집중을 할 수 있다고 판단하고 뭔가를 결정해야 할 것 같은 조바심과 불안감이 찾아온다. 수시와 정시 모두를 준비한다고 각오해도 주변 친구들로부터 그게 가능하겠냐는 의심의 시선은 자신의 판단에 합리적인 의심을 하게 만든다. 교실이 또 한 번 구분되는 순간이다. 내신을 따라가기가 어려워 수능을 준비해 정시파가 되기로 작정한 학생들의 수업태도는 이때부터 돌변한다. 하지만 수업 시간에라도 별개로 수능 공부를 하겠다는 학생을, 구조적으로 누군가는 낙오자가 될 수밖에 없는 게임판에서 학교 수업을 들으라고 강요만 할 수도 없는 곤란한 수업 풍경이 펼쳐지곤 한다. 수업과 평가를 수능 형태로 하면 안 되냐고 반문하는 사람들이 있을지 모르겠다. 하지만 수업은 교과 고유의 영역이자 교사마다 교육철학과 수업관이 제각각이기에 한 가지 형태로만 강요할 수도 없는 형편이다. 또한 학업성취 수준이 우수한 소수 학교를 제외하고는 실제 현장 대부분의 고등학교에서는 내신을 활용한 수시모집에 집중하고, 수능성적은 수시모집 우수대학의 최저학력기준 정도로만 가르치고 배울 뿐이다.

또한 늦어도 1학년 여름방학 전후부터는 자의든 타의든 문·이과 전공 선택을 고민해야 한다. 2015 개정교육과정의 선택교육과정에서는 문과·이과라는 명칭은 없지만 사실상 문·이과 구분은 여전히 유효하고 통용된다. 대입에서도 주요 대학의 경우에는 이공계 학과의 경우 수능 과학탐구 선택 2개를 조건으로 내걸면서 문과 성향 학생들의 지원 자체를 막고 있다. 문송합니다(문과라서 죄송합니다)라는 문과생들의 자조적인 신조어, 이과는 취업이 잘

된다(문과는 취업이 어렵다)라는 막연한 소문, 개인의 특정 과목의 선호 등을 종합적으로(?) 고려해 어떻게든 결정해야 한다. 사실 문이과에 관한 고민은 초등학교 시절부터 시작됐을지도 모르겠다. 진학은 모르더라도 진로 결정은 빠를수록 유리할 것 같아서 자의든 타의든 정해지곤 한다. 자신의 적성과 흥미를 고려한 진로에 대한 고민과 삶에 대한 철학의 정립은 중요한 일이다. 하지만 중학교 자유학기제로부터 본격 시작되는 학교 일련의 진로·진학 과정들은 때로는 진로 진학을 서둘러 결정해야만 안심이 되는 분위기를 조장하고 있는 면도 없지 않아 있다. 평생직업, 평생직장이라는 말이 무색한 오늘날, 전공과 무관하게 살아가는 대부분의 직장인을 보면 과연 우리는 진로·진학에 대해 얼마만큼의 고민과 탐색할 시간적 배려를 주었는가 성찰해 본다. 카이스트는 1학년 때 전공이 없고 2학년 때 전공을 선택한다. 미국 하버드 대학도 2학년 때 본인 전공을 결정하고 서구의 많은 대학이 대학교 과정은 교양과정으로 삼고 대학원 과정에서 전공을 선택하고 있는 점들은 우리에게 시사하는 바가 크다.

현실적으로 선택교육과정의 문이과 과목 선택은 대학 입시에 유리한 과목에 치중되고 있으며, 과목 선택의 유불리에 따라 학생들 사이에서도 고도의 눈치작전이 벌어지고 있다. 대입의 변화가 없으면 아무리 좋은 취지의 교육정책이라도 변색될 수밖에 없는 구조인 것이다. 배우고 싶은 과목을 선택하는 일만큼 중요한 것은 '배워야 할 과목'을 가르치고 배우는 일이 아닐까. 사회에 나가 세계시민으로서 소통하고 협력하며 살아가기 위해서는 공동체의식을 키울 인성교육과 더불어 인문학과 자연과학의 균형 있는 융합교육이 더욱 필요해 보인다.

제2화

애매모호함이
사라질 때의 경고

1.
생태적 애매모호함이 사라졌을 때
나타나는 위기

자연은 순수를 혐오한다. 그걸 모르고 우리는 농사를 짓는답시고 한곳에 한 종류의 농작물만 기른다. 해충들에겐 더할 수 없이 신나는 일이다. (…) 정말 심각한 문제는 바로 유전적 다양성의 고갈이다. 더 좋은 품종을 얻기 위해 우리 인류는 지난 수천 년 동안 열심히 가축과 농작물의 유전적 다양성을 줄여 왔다. 좋은 유전자만 남기기 위해서 유전적으로 다양한 집단은 병원균의 공격을 받아도 몇몇 약한 개체들만 희생될 뿐이다. 구제역이나 광우병이 일단 발발하면 걷잡을 수 없이 번지는 까닭도 우리가 가축들을 모두 한곳에 모아 놓고 기르기 때문이다. 광우병이나 구제역은 빙산의 일각에 지나지 않는다. 앞으로 이런 전염성 질병이 몰고 올 재앙은 점점 더 빈번해지고 그 규모도 훨씬 더 커질 것이다.

—최재천의 『다르면 다를수록』 일부 발췌

다양한 빛깔과 모양의 고추
(출처: 농촌진흥청)

생태적 지위가 동등한, 둘 이상의 종은 똑같은 장소와 시간에 공존할 수 없는 '경쟁적 배타의 원리'가 있다. 같은 종류의 생물이 같은 장소에서 생활하는 경우 서로의 생활 장소나 먹이를 둘러싸고 경쟁을 하거나 생활 장소를 서로 나누어 갖기도 한다. 같은 먹이를 먹는 두 종의 곤충을 한 용기 속에서 사육하면 한쪽이 소멸되는 일이 흔히 나타나는데 이는 미생물에서부터 포유류 인간까지도 적용될 수 있는 말이다. 그래서 지구상의 생물들은 공생·공존할 수 있도록 오랜 시간을 거치면서 서로 간의 유사성을 줄이면서 변화해 왔다. 생태적 애매모호함이란 다양한 생물과 생태계가 복잡한 상호작용을 하면서 공존하는 상태라고 볼 수 있다.

이렇듯 종 다양성이 존재하는 이유는 서로 간에 배제하지 않고 공생·공존하려는 자연의 원리 내지는 지혜 같다. 인류의 농경활동과 산업활동이 본격적으로 시작되기 이전까지는 이러한 자연의 원리에 따라 엄청난 파노라마처럼 펼쳐진 생물다양성을 유지해 왔을 것이다. 하지만 환경 오염으로 멸종 위기에 놓인 동식물이 늘어나고, 인간의 무분별한 개발로 동식물 서식지가 파괴되었다는 소식을 접할 때마다 생물다양성이 위기를 맞고 있음을 실감한다. 침팬지 박사로 유명한 제인 구달Jane Goodall은 생물다양성을 거미줄, 즉 '생명의 그물망'으로 비유했다. 거미줄의 줄이 한두 개씩 끊어지면 거미줄이 약해지는 것처럼 동식물의 종이 조금씩 사라지면 생명의 그물망이 끊겨 나가 지구의 안전망에 구멍이 생기고 균형이 무너진다고 이야기한다.

기후변화로 생물다양성이 훼손되고 있는 오늘날, 지구온난화가 가속화되고 기상이변이 잦아짐에 따라 생물들은 변화된 환경에 적응해야 살아남을 수 있게 되었다. 하지만 달라진 생태계에 적응하지 못하거나 생존할 수 있는 다른 지역으로의 이동이 제한되면 생태계 교란 및 생물종 멸종 등의 위기를 맞게 된다. 학자들은 지구의 기온이 4℃ 이상 상승할 경우, 전 지구의 40% 이상의 종이 멸종될 수 있다고 예측하고 있다.

문제점은 이러한 생물다양성의 위기가 지구온난화를 심화시켜 악순환을 거듭한다는 것이다. 삼림과 습지, 해양의 파괴로 탄소를 흡수하고 저장하여 기후를 조절했던 기능이 약화되면서 온난화를 멈추지 못하는 것이다.

이제 생물다양성의 위기는 곳곳에서 인류를 향한 직접적인 위협으로 다가오고 있다. 인간의 끝없는 욕심은 환경 다양성을 보장하는 '사람과 동식물 간의 완충지대'를 없애면서 생태계 혼란을 일으켰다. 그로 인해 2002년 사스, 2015년 메르스, 2019년 코로나 등의 야생동물을 매개로 감염된 전염병이 시작되었다. 우리는 이미 지난 3년 넘게 코로나 팬데믹으로 많은 것들을 잃었고, 여러 가지를 제한받았으며, 그 피해는 현재도 진행 중이다. 그리고 이러한 피해가 빙산의 일각이라는 불길한 느낌을 지울 수가 없다.

우리는 스스로 되돌아봐야 한다. 인간의 물질적 풍요와 생활의 편리함만을 우선적으로 쫓다가 치르고 있는 대가가 무엇인지, 생태적 애매모호함의 역할과 중요성을 간과하고 우리가 야기한 생태계 단순화가 과연 옳은 것인지, 우리의 판단과 행동은 인류와 지구의 지속 가능성을 보장하고 있는지 말이다.

생물다양성 위기는 곧 인류의 위기이다. 그럼에도 생물다양성 위기가 해결되지 않는 이유는 과학적 지식이 부족해서가 아니라 아직도 인간에게 유리한 의사결정이 이루어지고 있기 때문이다. 우리에게 지금 필요한 것은 과학적 지식보다 실천적 행동이 아닐까?

2.
공장식 축산으로 획일화된 가축들의 위험

　『사피엔스』의 저자로도 유명한 역사학자 유발 하라리Yuval Noah Harari가 지난 2015년 《가디언지》에 기고한 〈공장식 축산은 인류 역사상 최악의 범죄〉라는 글은 전 세계 각지에 충격을 안기며 현재까지도 널리 인용되고 있다.

　유발 하라리의 말에 따르면 수렵 채집인이었던 인류가 한 지역에 정착해 농사를 짓는 농부로 탈바꿈하면서 지구상에 새로운 형태의 생명체를 출현시켰다고 한다. 바로 '가축domesticated animals'이다. 처음에 인간은 포유류와 조류를 포함해 20종이 채 되지 않는 가축을 길렀다. 물론 당시 야생에는 수천, 수만 종의 다양한 동물이 조화롭게 살고 있었다. 그러나 현재 인간이 사육하는 가축은 지구상 모든 대형 동물의 90% 이상을 차지한다.

　인간은 최소비용으로 최대효과를 내는, 이른바 효율성을 추구하기 위해 생산성 및 상품성이 좋은 단 하나의 품종을 선택한다. 소품종 대량 생산의 축산

공장식 축산

체제인 것이다. 혹자는 공장에서 기계로 물건을 찍어 내듯이 생산하는 이러한 모습에 '축산공장'이라고 표현하기까지 한다.

　이러한 공장식 축산으로 획일화된 가축들은 전염병에 취약해질 수밖에 없다. 진화생물학자인 롭 월러스Rob Wallace는 자신의 저서 『팬데믹의 현재적 기원』에서 신형 감염병의 전파 경로를 설명한다. 숲을 베거나 습지를 메워 야생 동물의 서식지를 침범하면 잠들어 있던 병원균의 유전적 재조합이 일어난다는 것이다. 이는 면역력이 약해진 개체들을 순식간에 감염시키고 농장의 노동자에게도 영향을 끼쳐, 농축산 기업이 만든 유통 경로를 따라 자동차와 비행기를 타고 전 세계로 빠르게 퍼진다. 가축 생산 농가부터 가공업체, 도매업체, 소매업체로 이어지는 유통 경로 전체가 질병의 매개로 변하게 된다고 저자는 경고한다.

　　　　　애매모호해서 흥미진진한 지리 이야기

자연 상태에서는 병원체가 다양한 면역 체계들을 뚫어야 합니다. 그러나 모든 닭이 면역 체계가 똑같으면, 병원체는 그 하나만 뚫으면 됩니다.

−진화생물학자 롭 월러스

이는 가축들만의 전염병에서 그치지 않을 우려가 있다. 2021년 6월 세계보건기구WHO는 조류독감의 인체 감염사례에 대해 팬데믹(세계적 대유행) 가능성이 있는지 감시하고 있다고 밝혔다. 중국에서 H10N3형 조류독감의 인체 감염 사례가 세계 최초로 보고되었기 때문이다. 실제 조류독감AI의 인체 감염 사례는 이게 처음이 아니다. 유엔 식량농업기구FAO에 따르면 2013년 이후 H7N9형 AI에 1668명이 감염됐으며, 이 중 616명이 사망했다고 한다. 2020년 12월에는 중국 후난성에서 H5N6형 조류독감 환자가 나오기도 했고, 2021년 2월에는 러시아에서 세계 최초로 H5N8형 조류독감 인체 감염 사례가 보고된 바 있다.

주목할 점은 공장식 축산은 인류 최대 위기로 손꼽히는 기후변화와도 밀접하게 연결되어 있다는 것이다. 기후변화에 관한 정부 간 협의체IPCC가 2018년 10월 인천 송도에서 채택한 특별보고서에서 지구 온도 상승을 1.5℃ 이내로 제한하려면 육식 위주의 식습관을 바꿔야 한다고 강조했다. 미국 천연자원보호협회NRDC가 발표한 '10가지 기후파괴 식품' 중 동물성 식품(소고기, 돼지고기, 닭고기, 양고기, 버터, 치즈 등)이 무려 9개를 차지했다

유엔식량농업기구FAO의 '축산업의 긴 그림자' 보고서(2006년)에 따르면 교통수단으로 인한 온실가스 배출량(14%)보다 축산업으로 인한 온실가스 배출량(18%)이 많다. 기후변화에 관한 정부 간 협의체IPCC의 2019년 '토지사용

과 기후변화' 보고서에서는 "고기와 유제품 위주의 서구식 음식 섭취가 지구 온난화에 기름을 붓고 있다"라고 지적했다. 가축의 트림과 배설물 등을 통해 나오는 메탄가스와 이산화질소는 이산화탄소보다 각각 25배, 300배 더 강력한 온실효과 영향을 미친다고 한다.

가축을 기르고 사료 작물을 재배하기 위해 대규모 숲이 파괴된다. 그중에서도 지구의 허파라고 불리는 브라질 아마존은 최전방에 있다. 세계은행에 의하면 1970년 이후 벌목된 아마존 열대림의 90% 이상이 육식을 위한 소 목축지를 만들기 위해서였다. 수자원 고갈은 또 다른 문제이다. 토마토 1kg을 생산하는 데는 214L의 물이 들어가는데 같은 양의 소고기 1kg를 얻기 위해서는 15,500L의 물이 필요하다. 토마토의 72배다. 참고로 세계에서 세 번째

가축의 사료로 먹일 대두(soy)를 재배하기 위해 파괴되는 브라질 산림(출처: Mighty Earth)

애매모호해서 흥미진진한 지리 이야기

로 물을 많이 사용하는 한국의 1인당 일평균 물 사용량은 295L(2019년 기준)이다. 가축사육은 물 사용량을 높이는 한 원인일 텐데, 2020년 국내 발생 가축분뇨는 5,101만t으로 이는 60kg 성인 약 8억 명의 체중을 합한 것보다 많은 양이다. 축산농가 수는 급격하게 줄어들고 있지만 공장식 축산이 확대되면서 사육 동물 수와 그 분뇨 또한 늘어나고 있는 현실이다(환경운동연합 블로그).

통계청에 따르면 1995년 축산농가는 156,000가구에서 2019년 53,000가구로 지난 20여 년간 3분의 1토막이 났다. 하지만 소, 돼지, 닭 '대규모' 사육 가구는 오히려 늘어나는 추세*를 보인다. 이는 공장식 축산이 더욱 만연해진 현실을 보여 주며, 밀집사육환경과 기계식 관리가 확연히 고착화되었음을 의미한다.

공장식 축산의 문제점을 인식하고 근본적인 변화가 요구되는 이유이다. 시민들은 동물복지를 추구할 수 있도록 동물복지 인증마크가 붙여진 축산물 소비를 높여야 한다. 이러한 윤리적 소비는 축산업의 사육행태를 바꿀 수 있는 강력한 소비자의 힘이 될 수 있다. 또한 급식시설 등에서의 채식 선택권 보장과 가정에서도 채식 위주의 식단 등을 위해서도 노력해야 할 것이다.

또한 기존 공장식 축산을 동물복지 축산으로 전환할 수 있도록 정부 차원의 지원책이 마련되어야 한다. 친환경 축산을 선도하는 유럽에서는 축산동물을 상품이 아닌 생명으로 바라보고 축산동물에 대한 인간의 윤리적 책임을 강조하는 동물복지 정책을 추진하고 있다. 유럽연합은 관련 법안을 마련하고

---

* 지난 38년간(1983~2020년) 한·육우 대규모(100마리 이상) 사육 가구는 연평균 12.7% 증가하였고, 지난 38년간(1983~2020년) 젖소 대규모(100마리 이상) 사육 가구는 연평균 8.3% 증가하였다. 또 지난 38년간(1983~2020년) 돼지 대규모(1만 이상) 사육 가구는 연평균 8.2% 증가하였으며, 지난 15년간(2006~2020년) 닭 대규모(5만 이상) 사육 가구는 연평균 4.7% 증가하였다(출처: 통계청).

2027년까지 가축을 케이지cage에 가둬 사육하는 관행을 단계적으로 폐지해 나가겠다고 밝혔다. 미국 또한 매사추세츠주를 비롯한 캘리포니아주에서 공장식 축산으로 생산된 축산물의 유통과 판매를 금지한 상태다.

동물복지형 축산이 일반 축산보다 더 많이 투자해야 하는 것은 맞지만, 그만큼 수익성이 함께 증가한다는 조사 결과가 있다. 동물복지형 축산물의 가격이 일반 축산물보다 26.5%(소비 의향 조사에서 추가 지불 의향 금액) 비싼 것으로 가정하고 동물복지형 축산의 수익성을 분석한 결과, 일반 축산에 비해 수익이 높았던 것이다. 동물복지형 축산의 1두당 순수익이 낙농이 일반 축산의 1.85배, 양돈 2.07배, 육계 2.6배, 산란계 3.1배, 한우 3.57배 높은 것으로 추정된 것은 흥미로운 사실이다(박민수, 2020).

공장식 축산을 지양하는 '동물복지 축산'은 면역력이 강한 건강한 가축을 사육하여 질병을 예방한다는 측면에서 안전한 축산먹거리를 생산하고 육류 생산의 안정성을 확보한다. 나아가 환경을 보호하고 지속 가능한 미래를 만들어 간다는 측면까지 고려한다면 국가(세계) 전체로 볼 때 더 경제적인 '착한 축산'임이 분명해 보인다.

3.
동물다양성 감소가 식물에 미치는 영향

『사이언스』 표지

새빨갛고 달콤한 향과 맛의 열매를 맺는 식물은 동물들을 통해 작전을 수행한다. 씨앗을 멀리 보내려면 열매에 변비 성분을, 빨리 배설하게 하려면 설사 성분을 포함하기도 한다. 조류와 포유류 등이 열매를 먹고 다른 데로 이동해 똥을 누는 것을 이용해 씨앗을 멀리 퍼뜨린다는 계획이다. 그런 의미에서 동물들은 씨앗을 뿌리는 숲의 농부인 셈이다. 그런데 최근 기후변화로 동물이 줄면서 식물의 번식력에도 큰 손실이 생겼다는 에반 프리크 미국 라이스대 국립사회환경통합센터 생물학과 박사후연구원팀의 연구결과가 나왔다. 국제학술지 『사이언스』는 2022년 알록달록한 새가 부리에 빨간 열매를 물고 있는 사진과 함께 다음과 같은 연구결과를 소개했다.

연구진은 각 식물 종이 씨앗을 퍼뜨리는 패턴을 분석하고 동물과의 상호작용, 즉 동물 감소로 인해 씨앗이 퍼지는 양상이 어떻게 달라지는지 예측하는 모델을 개발했다. 이 모델을 이용해 전 세계의 식물 406종을 분석한 결과, 동물 다양성의 감소가 실제로 식물이 씨앗을 퍼트리는 데 상당한 영향을 미친다는 사실을 알아냈다.

지구에서 동식물 다양성이 가장 높은 열대 지역을 제외하고는 거의 대부분의 지역에서 이런 현상이 나타났다. 특히 열매를 주식으로 하는 조류와 포유류의 다양성 감소가 심각한 원인으로 드러났다.

우려스러운 것은 이러한 점들이 식물의 기후변화 적응 능력까지도 저해시키고 있다는 점이다(이정아, 2022). 몇몇 식물들은 기후변화로 인해 원래 살았던 지역이 아닌 새로운 곳으로 옮겨 갈 필요가 있는데 동물이 씨앗을 나름으로써 이 역할을 해 주는 것이다. 동물과 식물의 상호작용이 서로 먹고 살리는 공생의 조화를 가져오는 셈이다. 하지만 기후변화로 인해 동물 다양성이 줄어들면서 결과적으로 식물이 기후변화에 적응하는 효율이 약 60%나 감소했다고 분석했다. 또한 수많은 동물 종이 멸종 위기에 놓인 까닭에 앞으로 식물의 기후 적응 능력은 15% 더 감소할 것으로 추정한다.

연구진은 식물의 번식력을 회복하려면 동식물 간 상호작용이 원활하게 일어날 수 있도록 동식물 간 서식지가 연결되어야 한다고 주장한다. 특히 기후변화에 막대한 영향을 받는 몸집이 큰 조류와 포유류를 보존하고 그 다양성

The international journal of science / 10 November 2022

nature

LEVELLING THE FIELD

Herbivores help maintain grassland diversity by allowing shorter plants to compete for light

Genetics on trial
DNA mutations take center stage in inquiry over murder conviction

Nuclear safety
Existing treaties fail to address threats to Ukraine's power plants

Caged molecules
A tip-flap framework aids separation of heavy water

『네이처』 표지

을 회복할 수 있도록 최대한 노력해야 한다고 주장하고 있다.

동물과 식물의 신기하고도 밀접한 관계를 밝힌 연구 하나를 더 소개하자면 이렇다. 양들이 목초지에서 풀을 뜯는 행동은 이들의 먹이활동일 뿐만 아니라 목초지의 생물다양성을 높이는 역할을 하기도 한다. 양들의 먹이활동이 왕성할수록 목초지가 파괴될 것도 같은데 과대한 수준이 아니라면 오히려 도움이 된다는 사실이 흥미롭다.

목초지의 식물 생태계를 유지하는 데 있어 양과 같은 초식동물의 역할이 중요하다는 사실은 익히 알려져 있다. 2014년 미국 데이비스 캘리포니아대(UC데이비스) 연구팀과 2022년 네덜란드 위트레흐트대 생물학과 연구팀은 국제학술지 『네이처』에 발표한 연구에서 목초지에서 초식동물들이 풀을 뜯으면 식물에 닿는 빛의 양이 증가해 식물들의 생물다양성이 증가한다는 사실을 밝혔다. 초식동물은 지속적으로 식물을 섭취하여 특정 식물이 너무 크게 자라나 태양 빛을 가리지 않도록 조절하는 역할을 한다. 이를 통해 다른 식물들의 생장을 막지 않도록 역할을 하면서 목초지 생태계의 균형을 유지하고 있는 것이다.

다만 초식동물이 없는 경우 죽고 난 뒤 분해되지 않는 식물의 양이 두 배 이상 늘었고 이런 변화는 결국 다른 식물들이 빛을 받지 못하는 결과로 이어졌다. 얀 오티에 네덜란드 위트레흐트대 생물학과 교수는 "영양소와 이를 섭취하는 초식동물의 생태학적 구조를 이해하는 것은 생물다양성을 유지하는 데 필수적"이라고 말한다(이영애, 2022). 단순하게만 보았던 동물과 식물 관계의 밀접한 생태 연결고리에 놀랄 뿐이며 우리가 종 다양성을 유지하는 것이 우리가 생각한 것 이상으로 중요한 일임을 깨닫는다.

애매모호해서 흥미진진한 지리 이야기

4.
세계화로 인한 문화 획일화와 언어 소멸

교통과 통신의 발달로 세계화가 진행되면서 시공간의 제약이 많은 부분 사라졌다. 그러나 세계화가 문화 획일화를 야기할 수 있다는 우려의 목소리가 적지 않다. 자본을 앞세운 강대국의 문화가 보편화되면서 약소국의 문화가 경쟁력을 잃고 쇠퇴하고 있기 때문이다. 지역(혹은 민족) 고유의 전통문화가 사리지거나 정체성을 잃어버리는 문제가 나타나고 있다.

유네스코에 따르면 오늘날 세계 약 6,000개의 언어 중에서 약 43%가 소멸 위기에 처해 있다고 한다. 세계 언어의 3분의 1은 사용하는 사람이 1,000명 미만이고, 2주마다 한 개꼴로 언어가 사라지고 있다. 1950년 이후부터 지금까지 이미 약 200개 이상의 언어가 소멸했다. 현재 소멸 위기에 처한 언어의 50~90%도 다음 세기면 사라질 것으로 예측되고 있다.

언어는 인류의 문화유산이 계승되는 통로가 된다. 토착어가 멸종되면 그들

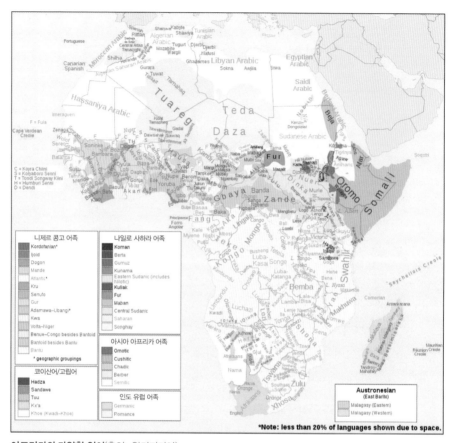

아프리카의 다양한 언어(출처: 위키피디아)

의 지식, 사상, 문화, 전통도 함께 사라진다. 이 때문에 언어학자들은 언어의
사멸을 생명 다양성 감소와 같은 개념으로 받아들이고 있다. 송재목 한국외
대 언어인지과학과 교수는 "생물학자들이 아마존을 다니면서 동식물을 찾는
이유는 이들을 연구하면 유용한 화학적 성분을 찾을 수 있다는 기대도 있기
때문"이라며 "언어의 소멸을 막아야 문화 다양성을 보존할 수 있다"라고 말

애매모호해서 흥미진진한 지리 이야기

한다.

　미국에서는 남북전쟁 직후 수립된 정책에 따라 원주민 기숙학교를 세워 인디언 문화를 말살하기 시작했다. 이 정책에서 나온 유명한 말이 "사람은 살려두고, 인디언은 죽여라Save the man, Kill the Indian"였는데, 여기의 '사람'과 '인디언'은 같은 대상을 두고 한 말이다. 이는 사람(원주민)은 죽이지 말고 그 사람 속에 있는 인디언, 즉 인디언의 문화와 정신을 없애자는 의미였다. 세대를 통해 전달되는 고유한 문화를 없애기 위해, 어린 학생 때부터 주류 문화(언어)를 주입했을 것으로 추측된다.

　2021년 호주국립대 소속 브롬엄 교수 등이 참여한 국제 연구팀은 전 세계 언어 소멸에 대한 연구 분석 결과 언어 다양성을 손실시키는 주요 원인으로 인구 이동을 촉진하는 도로 밀집도를 꼽았다. 브롬엄 교수는 "국가와 도시, 시골마을과 소도시를 연결하는 도로가 많을수록 해당 지역 언어가 소멸 위기에 처할 위험이 더 커진다는 사실을 발견했다"라고 말한다.

　언어 소멸을 가져오는 또 다른 요인으로 공교육을 지목하는 점은 흥미롭기도 하지만 의아한 부분이다. 연구진은 평균 정규 교육 기간이 길어질수록 해당 지역의 토착 언어가 소멸할 가능성이 커진다고 설명하면서, 이중언어bilingual 교육을 뒷받침할 수 있는 교육 시스템 구축이 필요하다는 점을 보여주는 결과라고 해석했다.

　폭염과 가뭄, 홍수 그리고 해수면 상승으로 물과 식량이 부족해지면서 이미 수백만 명의 사람들이 거주지를 잃고 다른 지역으로 떠났다. 특히 아시아 태평양 인근의 섬 국가의 이동 규모가 컸는데, 이들은 허리케인과 해수면 상승에 취약한 섬이나 해안 지역에 거주하던 사람들이었다. 내륙의 사람들도 기후변화로 농·임업에 위협을 받아 강제로 이주를 할 수밖에 없었다.

태평양은 토착어가 번성했던 곳인데 뉴질랜드에 따르면 세계 언어의 5개 중 1개가 태평양에서 유래됐다고 한다. 한반도 면적의 약 20분의 1 수준에 불과한 남태평양의 섬나라 바누아투의 경우는 110개의 언어를 사용하고 있다. 전 세계에서 언어 밀도가 가장 높은 곳으로, 111km^{2}당 하나꼴로 다른 언어를 사용하는 이곳 역시 해수면 상승으로 잠길 위기에 놓여 있다. 기후변화로 인한 언어 소멸이 세계화로 인한 언어 소멸을 가속화시키고 있는 것 같아 대책이 요구된다.

언어 소멸뿐 아니라 영어 제국주의로 대표되는 언어 간 불균형 문제도 심각하다. 세계 101개국에서 통용되고 35개국에서 공식어로 지정된 언어가 바로 영어이다. 글란빌레 프라이스Glanville Price라는 학자는 영어를 "언어 살해자"라고 표현하면서 "언어 다양성은 문화적 다양성의 척도"라고 강조했다.

또한 전 세계 인구 3분의 2가 모국어로 구사하는 언어는 고작 12개뿐이며, 원어민 화자가 1,000명도 안 되는 언어만 2,000개라고 한다. 언어인류학자 대니얼 네틀Daniel Nettle과 수잔 로메인Suzanne Romaine의 『사라지는 언어들』에서도 "과거에 사용됐던 1만여 개의 언어 중 현재 사용하는 언어는 6,000여 개에 불과하다. 그중 세계 인구의 90%가 100여 개의 언어를 사용하고 있고, 나머지 10%의 인구가 사용하고 있는 6,000여 개의 언어는 점차 사라질 위기에 처해 있다"라면서 언어 다양성의 위기를 경고하고 있다.

사람들은 꿀벌이 사라지면 식량 위기를 가져와 인류가 멸망할 수 있다는 예고나 기후변화와 개발로 서식지가 파괴되면 생물의 다양성이 줄어든다는 문제에 대해서는 관심을 가지지만, 언어의 다양성이 사라지는 것에는 그다지

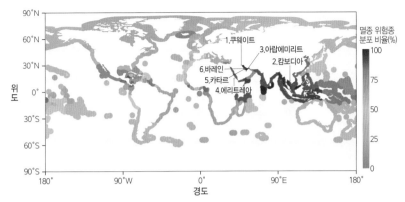

2100년 멸종 위험 생물종 분포 예측

화석연료 사용으로 무분별한 개발이 확대되었다고 가정했을 경우의 시나리오(SSP5-8.5)에서 해양 생물종 24,975종을 분석했다(출처: 대니얼 보이스 등, 「해양생물의 기후위험 지표」, 『네이처 기후변화』, 2002)

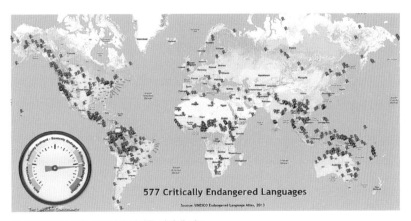

사라질 위기에 처한 577개의 언어를 나타낸 지도

적도 주변의 아프리카, 중남미, 태평양 등의 소수 언어가 특히 취약한 것으로 나타난다(출처: The Language Conservancy).

별 관심이 없어 보인다. 그러나 생물다양성과 언어다양성은 서로 무관하지 않다. 최재천의 책『다르면 다를수록』에서는 "생물다양성이 특별히 높은 열대 지방에 다양한 언어들이 발달했고, 생물다양성이 급격하게 줄고 있는 지역들에서 언어다양성도 가장 급격하게 감소한다"라며 언어의 죽음을 설명하고 있다.

다행인 것은 2021년 12월 유엔이 언어 소멸 위기에 대응하기 위해 2022년부터 2032년까지 다가오는 10년을 '세계 토착어 10년'으로 선포하고 언어 보호에 나서고 있다는 점이다. 처버 커러쉬Csaba Kőrösi 유엔총회 의장은 "원주민 공동체 언어를 보존하는 것은 그들에게만 중요한 것이 아니라 인류에게 중요하다"라고 강조하면서 타국에 정착한 원주민들이 이들 토착어로 교육을 받을 수 있도록 허용할 것을 촉구했다.

또한 마이크로소프트는 '문화유산을 위한 AI' 기술로 사멸 위기의 언어를 보존하는 일을 하고 있다. 현재 이 회사가 제공하는 번역기는 60개 이상의 언어를 지원한다. 이를 통해 세계 누구나 언제 어디서든 원주민 언어를 경험하고 이해할 수 있으며, 언어를 보호하고 보존하는 데 기여할 기술의 역할을 내심 기대해 본다.

지금까지의 노력으로 뉴질랜드, 하와이와 같이 원주민 언어가 부활한 긍정적인 사례도 있다. 1970년대 하와이어를 모국어로 사용하는 사람은 고작 2,000명, 대부분 70대에 불과했지만 하와이어로 가르치는 학교가 세워지면서 오늘날 하와이어 구사자가 1만 8,700명 이상 늘어났다. 뉴질랜드에서는 1970년대 마오리 청년의 5%만이 마오리어를 사용했지만, 정부의 지원을 받은 마오리족의 노력으로 현재 25% 이상이 마오리어를 쓰고 있는 사실은 우리가 해결하려는 의지를 갖고 노력하면 언어 소멸을 늦추거나 막을 수 있다는 희망을 보여 준다.

토착어는 지역 원주민의 정신건강에도 영향을 미친다고 한다. 방글라데시의 한 연구에 따르면 모국어를 구사할 수 있는 원주민 청소년들이 알코올이나 불법 물질 소비량이 낮고 폭력에 덜 노출되는 것으로 나타났다. 또한 토착어가 소외되거나 사라지면 전염병의 예방 및 치료와 관련된 문화 지식도 위험에 처할 수 있다. 원주민 언어는 단순한 의사소통 수단을 넘어 그들의 전통 의학, 각종 식물에 기반한 치료법, 세대에 걸쳐 전해지는 질병 예방 방법에 대한 지혜를 포함하고 있다. 이는 원주민 공동체가 전통적인 지식 시스템에 접근하기 어려워지면 감염병에 더 취약해질 수 있음을 의미한다. 질병 예방과 치료 전략을 위해서라도 토착어와 전통 지식을 보존하고 관심을 가져야하는 이유이다.

언어의 다양성을 보존하는 것은 생물의 다양성만큼이나 중요하게 여겨지고 지켜져야 한다. 인류의 지속 가능성을 위해서 언어가 약육강식의 법칙보다는 공존의 지혜를 실천하는 방향으로 보존되고 발전되기를 바라는 마음이다.

제3화

애매모호함의 매력

1.
워케이션, 일과 휴가의 애매모호한 동거

　'워케이션workcation'은 일Work과 휴가Vacation의 합성어로 여행지에서 수일 또는 수개월 동안 일하는 유연한 근무 형태의 새로운 라이프 스타일을 말한다. 업무시간에는 일을 하고 일과 후에는 주변 여행지에서 힐링하면서 리프레시하는 지역 체류형 근무제도인 셈이다. 코로나 장기화로 재택근무가 확산되고 원격근무에 익숙해지면서 디지털 기반이 갖춰진 여행지 어디라도 사무실 역할을 충분히 해내고 있다. 더군다나 디지털 기기에 익숙하고 '워라밸(일과 삶의 균형)'을 중시하는 MZ세대의 특성, 출퇴근을 없애고 안식월까지 제공하는 등 IT기업 및 스타트업들의 인재 영입 경쟁에서 차지하는 유연근무 환경의 니즈needs 충족, 인구 유출 및 고령화로 지역 소멸 위기에 처한 지자체들의 지역경제 활성화 목표 등이 맞물리면서 이러한 현상은 코로나 엔데믹 이후에도 '뉴노멀' 형태의 근무로 자리 잡을 것으로 예상된다.

워케이션 도입하는 기업들

네이버	매주 직원 10명 강원도 춘천 4박 5일 근무(일본 추가 예정)
라인플러스	근무지 일본, 대만, 태국, 싱가포르 확대(체류기간 90일로 한정)
당근마켓	3명 팀원 함께 일하기 운영(숙박비, 교통비, 식비 지원)
야놀자	강원도 평창, 동해, 전남 여수 근무지 설정
배달의 민족	괌, 몰디브 원격근무 허용
티몬	50명 직원 제주, 남해, 부산 4박 5일 근무
롯데멤버스	월~목 제주, 부산, 속초 근무(추첨)
CJENM	제주 근무 허용
한화생명	강원도 양양 근무 허용

　그렇다면 놀면서 일하고, 일하면서 노는 이 애매한 트렌드가 직원 입장에서는 엄청난 매력으로 다가오지만 기업 입장에서도 마냥 달갑기만 할까? 우려와 달리 워케이션은 새롭고 낯선 지역에서의 업무를 통해 기업 입장에서도 업무 효율성이 높아지는 등의 긍정적인 평가를 이루고 있다. 한국관광공사가 2021년 3월 한화, 포스코, KT, 우아한형제들 등 국내 대기업과 IT기업의 임원 및 인사 담당자 52명을 대상으로 조사한 결과 워케이션이 '업무 생산성 향상'에 긍정적이라고 답한 비율은 61.5%에 달했다. '직무 만족도 증대'에는 84.6%, '직원 삶의 질 개선'에는 92.3%가 긍정적인 인식을 보였다. 워케이션 제도 도입 자체에 대해서도 63.4%의 응답자가 긍정적인 답변을 내놓은 것이다.

　소멸 위기에 처한 지자체들도 지방 소멸을 해소할 묘안으로 워케이션을 적극 유치하려고 노력 중이다. 지방의 빈집을 숙소로 활용하거나 유휴공간을 빌려주고 예산을 지원하는 등의 정책 지원에 적극적이다. 지역에 체류하는 동안 이들이 의식주 및 여행 관광에 소비 지출하는 것은 곧바로 지역 경제 활성화로 연계될 수 있기 때문이다. 이들은 2023년부터 행정안전부가 제시한 이른바 '생활 인구*'로 분류되어 지역과 관계를 맺으며 지역 활력 제고 등에 도움을 주고 장기적으로는 정착 단계로 발전할 수 있기를 기대하고 있다. 또한 이들은 일과 후, 주말에 가족이나 친구 같은 지인들을 불러 추가 돈을 쓰면서 '관계 인구' 증가까지 덤으로 가져올 수 있어 경제효과는 상당할 것으로 짐작된다.

경남 하동군은 2021년 '오롯이 하동, 워케이션' 사업을 시행했다. 부산시는 다른 지역에 근무하는 청년들이 일정 기간 부산에 머물며 원격 근무를 하도록 지원하는 '리모트 워크' 사업을 추진하고 있으며 최대 100만 원(1인당)의 체류비와 사무공간을 무상으로 제공한다.

제주도는 제주관광공사와 함께 워케이션 상품개발과 지원사업을 추진 중이다. 워케이션 트렌드에 대응해 사무실과 숙박 등 워케이션 정보를 담은 누리집을 개설하고 공유 사무실을 조성한다는 계획이다. 기업체와 투자를 통해 워케이션 빌리지를 조성하고 농어촌 빈집과 유휴시설을 활용한 워케이션 시설도 공급할 방침이다.

실제로 평일과 비수기 동안 숙박 관광객 유치 및 체류시간 연장 효과를 보여 준 사례가 있다. 강원도관광재단과 인터파크투어가 2021년에 선보인 '강원도 워케

위케이션의 경제적 파급효과

직접지출효과	3,500억 원
고용유발효과	2만 7,000명
생산유발효과	4조 5,000억 원

(출처: 한국관광공사, 2021)

---

* 행정안전부는 인구소멸지역에서 주민등록상 거주지에 기반한 정주 인구 늘리기에는 한계가 있다고 판단하고 2023년부터 생활 인구 개념을 도입한다. 이는 통근이나 통학, 관광, 업무 등의 목적으로 지역을 방문해 체류하는 사람을 말한다. 행안부는 월 1회만 체류해도 생활 인구로 분류할 예정이며 생활 인구 파악은 통신사의 위치정보를 활용할 계획이다.

이션' 기획전은 첫 판매에 8,238박을 유치했고 침체되어 있던 도내 주중 관광에 활력을 불어넣었다. 인기에 힘입어 진행된 2차 판매는 1만 1,400박을 유치하며 또 한 번의 흥행 열기를 확인하기도 했다.

한국관광공사가 국내 워케이션 예상 수익시장을 토대로 경제적 파급효과를 분석한 결과 약 3,500억 원의 직접적인 효과가 기대된다. 워케이션의 생산유발효과는 무려 약 4조 5,000억 원이며 고용유발효과는 2만 7,000명에 달했다.

마지막으로 세계기업 및 해외의 사례를 통해 세계 속 워케이션 유치 경쟁을 살펴보자. 먼저 워케이션의 선구자라고 할 수도 있는 글로벌 여행 플랫폼 기업 '에어비앤비' 임직원은 같은 국가 내에서 허용하던 워케이션을 2022년 9월부터 170개 이상의 국가로 확대해 연간 최대 90일 동안 사용할 수 있다. 에어비앤비 공동창업자인 브라이언 체스키 CEO는 "어디에서든 자유롭게 일할 수 있는 유연성이 놀라운 창의성과 혁신을 불러일으키고, 직원들이 에어비앤비에서 일하는 것을 정말 즐겁게 만들 것이라고 생각한다"라고 말했다.

또한 많은 국가가 앞다투어 '디지털 노마드* 비자' 혹은 '워케이션 비자' 발급을 지원하고 있다. 팬데믹 이전에 디지털 노마드는 법적으로 사실 애매한 포지션이었다. 현지 기업 취업비자 발급 대상자도 아니고, 관광비자를 가지고 여행을 즐기는 관광객도 아니었기 때문이다. 하지만 해외 원격 근무 수요와 팬데믹으로 인한 경제 침체를 극복하려는 지역들의 이해관계가 맞물리면

---

* 디지털(digital)과 유목민(nomad)의 합성어로 디지털 기기와 정보 기술을 활용해 특정 지역에 정착하지 않고 일하며 살아가는 사람들을 일컫는다.

애매모호해서 흥미진진한 지리 이야기

서 새로운 개념의 비자*가 생겼다.

"이왕 집에서 일할 거, 천국에서 일하라"라는 구호로 관광객을 유치하고 있는 중남미 카리브해 섬 국가들은 요즘 가족과 함께 워케이션 하려는 미국 전문직들로 넘쳐 난다고 한다. 이들은 고소득층이면서 6개월 이상 장기 거주자가 많아 안정적이면서도 소비 진작 효과가 어마어마하다. 바하마, 버뮤다, 도미니카, 케이맨 제도 등 관광산업 의존도가 높았던 국가들이 발 빠르게 나선 것이다. 이들 지역뿐만 아니라 유럽의 에스파냐, 포르투갈·체코·그리스·독일과 중동의 아랍에미리트 두바이, 아시아의 인도네시아 발리 등도 워케이션 비자를 도입하고 있어 전 세계 어디서든 일할 수 있는 시대가 열렸다.

---

* 관광비자보다 훨씬 긴 3~18개월짜리의 이른바 워케이션 비자

2.
모호함 속에서 재해석된 의식주

의(衣): 다시 주목받는 新한복의 멋스러움

전통을 현대적으로 재해석한 멋있는 슈트 같은 한복이 나왔다. BTS가 입은 한복은 외양상 양복의 모습을 하고 있지만, 소재에 한복의 옷감과 자수를 사용함으로써 새로운 모습의 한복을 보여 주고 있다. 이를 기획한 김리을 디자이너는 '예쁜 한복 원단으로 입기 편한 정장을 만들자'라는 생각을 했다고 한다. 한복이 쉽게 일상화되지 못했던 이유는 불편하고 관리가 어려워 실용성이 떨어지고 지나치게 고풍스러운 모습 때문이었을 것이다. 하지만 이들은 남들과는 다른 발상과 열정으로 한복을 재해석하고 독창적으로 승화시켰다. 활동성을 높이고 통풍이 잘되는 소재로 바꾸고 과거에 허락되지 않던 색감을 풍부하게 하거나 다양한 전통 디자인을 가미하여 세계인이 주목하는 매력적인 한복으로 재탄생시켰다. BTS의 공연은 전 세계에 한국과 한복의 아름다

애매모호해서 흥미진진한 지리 이야기

움을 알리면서 K-패션이 한류 열풍을 타고 세계 패션 트렌드로 자리 잡는 데 기여했다.

미국 빌보드 차트에서 최고 순위에 진입하고 신기록을 넘어서는 등 엄청난 파급력과 화제성을 보여 주고 있는 블랙핑크의 〈How You Like That〉 뮤직 비디오도 인기다. 카리스마 넘치는 사운드가 돋보이는 힙합곡과 어우러진 한복 패션은 전 세계의 눈길을 사로잡기에 충분했다. 과감한 전통 문양과 한복 저고리를 가미시켜 한국 고유의 미를 살렸으며, 블랙핑크만의 힙한 분위기와 만나 새롭게 재해석된 한복 패션을 선보인 것이다. 이후 인터넷 구글 검색에서 'hanbok'이라는 키워드가 높은 수치를 기록하고 해외 판매 사이트에서 구매가 꾸준히 이어지고 있다. 전통적 디자인을 지키면서 과감한 변화를 준다는 것은 생각보다 쉽지 않았을 것이다. 하지만 전통 한복의 '틀'을 깨고 새롭게 재해석한 디자이너는 고정관념을 배제하고 전통 속에서 모던함을 찾아 한복의 무궁무진한 가능성을 보여 주었다.

식(食): 버거처럼 생긴 비빔밥, 비빔밥 같은 버거

한우 불고기 버거에 이어 한국의 맛을 그대로 담은 버거가 2023년 또 출시됐다. 서양의 햄버거와 한국 고유의 전통음식 비빔밥이 결합된 '전주비빔라이스버거'가 그 주인공이다. 사실 문화융합의 대표 사례로서 등장하는 불고기피자, 로제떡볶이, 김치파스타 등은 기본 바탕 음식에 독특한 고명이나 소스를 얹은 수준으로 이들의 정체성은 피자, 떡볶이, 파스타가 분명한 편이다. 하지만 전주비빔라이스버거는 먹는 방식부터 손으로 들고 먹어야 할지 수저로 먹어야 할지 고민되게 만드는 제대로 애매모호한 음식이다.

밥으로 만든 번을 활용한 햄버거

전주비빔라이스버거는 단순히 쌀이 첨가된 번이 아닌 '밥으로 만든 번'을 사용하였고, 비빔밥에 빠질 수 없는 반숙 계란과 소고기 패티로 구성했으며 고추장을 활용해 비빔밥 맛을 구현했다.

사실 햄버거라는 음식의 기원을 살펴보면 애당초 동서양 문화교류로 탄생한 작품이다. 유목 생활을 하는 몽골인들의 전투식량인 생고기가 칭기즈 칸이 13세기 러시아를 침략하면서 전해진다. 유럽에 전해진 이 음식은 칭기즈 칸 몽골 군대 안에 있던 타타르족의 이름을 따서 타타르스테이크Tatare Streak가 되었다. 이후 17세기 러시아와 교역하는 주요 항구도시인 독일 함부르크에 다시 전해진다. 함부르크 사람들은 타타르스테이크를 하크스테이크Hack Steak라고 불렀는데 독일어로 이는 '다진 고기'를 뜻한다. 다진 고기에 빵가루, 양파 등을 섞어 부드럽게 만들어 구워서 익혀 먹는 스테이크가 탄생한다. 이 독일의 하크스테이크는 19세기 미국에 전해져 '함부르크 스테이크'라는 뜻을 가진 '햄버그스테이크'로 불리다가 샌드위치 형태로 개량해 오늘날의 햄버거가 되었다. 그리고 미국의 햄버거 문화는 세계적인 패스트푸드 프랜차이즈를 통해 전 세계에 퍼져 나가고 현지화되기도 하면서 모습과 맛이 다변화되고 있다. 이렇듯 우리가 먹는 햄버거는 동서양의 문화가 오랫동안 교류하고 전파되면서 탄생한 역사적 음식인 것이다. 우리 것과 남의 것을 과감히 새롭게 섞는 창조적 융합을 통해 우리는 새로운 음식문화를 만들어 나가고 다양한 음식을 접할 수 있는 호사를 누리게 되었다.

주(住): 한옥의 재해석으로 잇는 과거와 현재

건축 분야 각종 수상을 거머쥐고, 건축 관련 잡지 및 페이스북 메인 화면을 장식한 경기도 성남시의 가온재는 참 이색적인 매력임에도 낯익은 구석이 있다. 한옥의 다양한 장점 중에서도 자연과의 조화를 강조하고, 여기에 현대건축이 주는 다양한 공간감을 살렸다. 이 주택의 가장 중요한 특징은 바로 한옥의 내부, 외부 구조를 현대적으로 재해석하고 적용한 것이다. 한국의 오래된 전통 가옥을 연상시키는 부드럽게 휘어진 처마 디자인은 단연 인상적이다. 처마는 본래 비나 눈을 막는 기능과 계절에 따라 햇빛이 들어오는 양을 조절하는 기능 등을 가진다. 처마의 원래 기능을 살리되 디자인적 측면에서 한국의 전통성과 현대적 모던함을 놓치지 않았다. 또한 주택의 전체를 둘러싸지 않고 정원 부분은 지붕이 없도록 지었고 전체적으로는 지붕이 하나로 이어지게 설계해 개방감 있는 안정감을 더했다는 평이다.

한옥을 현대적으로 재해석하는 과정에서는 현대건축만의 입체적이고 역동적인 면모를 융합함으로써 혼합건축물에 대한 새로운 방향성을 제시했다는 평가도 받는다(프럼에이). 또한 기존의 한옥과는 달리 가옥을 외부의 자연환경과 조화를 맞추면서도 내부에 또 다른 자연환경을 설계해서 더 넓은 범위에서 자연을 향유하도록 만들었다. 가옥 내외부를 둘러싼 초록색 자연 색

가온재 정원 모습(출처: 이로재김효만건축사사무소 홈페이지)

감, 은은하고 아늑한 조명, 검은색의 처마지붕과 하얀 벽이 만들어 내는 색의 조화는 감탄을 자아내기에 충분하다.

애매모호해서 흥미진진한 지리 이야기

3.
산지도 평야도 아닌 '구릉'의 가치와 매력

　우리는 일반적으로 주변 지형보다 높고 복잡한 곳을 산(山)이라고 부르며, 기복이 거의 없는 넓은 땅을 평야(平野)라고 부른다. 하지만 실제로는 산이라고 부르기엔 낮고, 평야라고 부르기엔 높은 모호한 지형이 있다. 이를 지리학적으로 구릉(丘陵, hill)이라 칭하며, 보통 사람들은 언덕이라고 여기는 게 보통이다.

　사실 지형학에서도 구릉지에 대한 명확한 정의는 거의 찾아보기 힘들 정도다. 두산백과에 따르면 100~600m 높이의 지형을 구릉이라고 하나, 실제로 느끼는 구릉은 300m 미만 정도로 보는 게 합리적으로 보인다. 이유는 우리나라의 경우 오랜 지질시대를 거치면서 침식·풍화작용을 받아 평탄화된 지형이 많아 300m 이상이면 굉장히 높아 보이고 실제로 '산'이라는 이름으로 명칭된 경우가 대부분이기 때문이다. 한 예로 높은 산은 아니지만 근방에

도시 숲의 기능으로서 구릉

서는 가장 크고 높은 산으로 산세와 경관이 일품인 칠갑산(七甲山)은 충남의 알프스란 별칭이 붙었음에도 그 높이가 560m 수준이다.

　우리나라의 경우 국토의 약 70%가 산지로 구성되었다고 하지만, 사실 신생대 습곡작용에 의한 산맥 정도만 높은 산지에 해당한다. 그것도 북한 지방에 대부분 분포되어 있고, 남한에서 태백산맥과 소백산맥 일대 정도를 제외하고는 높은 산지가 없어 구릉 형태의 산지가 대부분이다. 실제 우리나라 산의 고도별 분포는 1,500~2,000m가 4%, 1,000~1,500m가 10%, 500~1,000m는 40%, 200~500m의 저산지가 40% 이상으로 우리나라 산의 평균고도는 482m라고 한다(건설부 1992년 자료).

　이제부터는 산도 아니고 평야도 아닌 애매한 구릉(언덕) 이야기를 본격적

애매모호해서 흥미진진한 지리 이야기

우면산 산사태

으로 나눠 볼까 한다. 첫째 '생태적 가치와 효용' 측면에서 살펴보자면 구릉은 생물다양성에 기여하고 있다. 언덕의 다양한 지형과 조건은 많은 생물 종들에게 적합한 서식 환경을 제공하며, 이러한 다양성은 전체적으로 지구 생태계의 안정성을 유지하도록 도와준다.

토양보전에도 중요한 역할을 하는데 울퉁불퉁한 지형은 땅의 침식을 줄여 주고, 비가 내리면 물이 빠르게 흐르는 것을 막아 토양 유실을 막아 준다. 2011년 서울 강남 한복판에서 벌어진 우면산(293m) 산사태는 구릉지대를 훼손하고 난개발을 한 인간의 탐욕에 대한 자연의 경고일지도 모른다.

물관리에서도 숲으로 덮인 언덕에 스며든 빗물은 지하수, 하천, 호수 등에 적정량의 물을 안정적이고 지속적으로 제공하는 역할을 하기도 한다. 또한

미국 베벌리힐스(beverly hills)

구릉의 다양한 식물은 탄소를 저장하여 대기 중 탄소 농도를 줄이는 데 기여하기도 한다. 특히 도시에서의 구릉은 도시 숲의 상당 부분을 차지하고 있는데, 산림청에 따르면 도시 숲은 여름 한낮 평균 기온 3~7℃를 완화하며, 나무 1그루는 연간 이산화탄소 2.5t을 흡수하며 산소 1.8t을 방출한다고 하니 그 역할이 실로 대단하다.

둘째로 '경제적 가치와 쓸모' 측면에서 구릉은 매우 인기 있는 관광지 중 하나다. 언덕에서는 하이킹, 산악자전거 타기, 트레킹, 숲야영지, 숲체험 등의 다양한 여가활동과 치유와 힐링을 위한 공간으로서 관광산업 발전에 기여할 수 있다. 또한 예로부터 구릉지 전면에는 배산임수(背山臨水)형의 가옥이 자리 잡을 수 있는 전통 주거지로서 매력적인 장소였다. 그리고 가옥 주변의 밭

애매모호해서 흥미진진한 지리 이야기

베벌리힐스 도시 경계

농사와 목축 지역으로서 이용되기도 하였던 공간이다. 언덕은 다양한 종류의 나무와 식물들이 자라는 공간으로서 이를 이용해 과실류나 목재, 임산물 등을 생산할 수 있어 경제적 가치가 높다.

　또한 도시에서의 언덕은 도시 확대 과정에서 개발에 대한 기대가 매우 큰 지역으로서 발전 가능성이 높은 지역이기도 하다. 자연적 특징으로 인해 전망이 좋고 자연환경이 쾌적한 편이라서 부동산으로서의 가치도 높다고 할 수 있다. 베벌리힐스Beverly Hills는 미국 서부 캘리포니아주에 있는 도시로서 미국에서 손꼽힐 정도로 고급 주택가가 많은 곳으로 세계적으로 잘 알려져 있다. 베벌리힐스 대부분 지역은 해발고도 300m 미만의 그야말로 '언덕hill' 위에 자리 잡은 도시라고 해도 과언이 아니다.

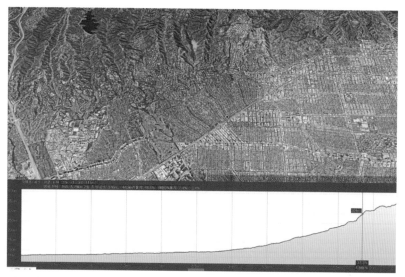

베벌리힐스 도시 경계 끝을 가로지르는 임의의 빨간선에 따른 해발고도 프로필(빨간 화살표 이하는 해발고도 300m 미만을 나타낸다)이다.

국내 모 건설사의 힐스테이트HILLSTATE도 힐HILL과 스테이트STATE의 합성어로 '힐HILL'은 베버리힐스와 같은 고급 주거단지, '스테이트STATE'는 높은 지위와 품격을 뜻하는 브랜드로 마케팅을 하고 있다.

구릉에 가까운 제주의 오름

제주 한라산을 중심으로 산기슭에 펼쳐진 360여 개의 오름(측화산, 기생화산)은 작은 화산체로서 사실 구릉에 가깝다. "제주 사람들은 오름에서 나고 자라서, 오름으로 돌아간다"라는 이야기처럼 제주 오름은 그 자체로서 삶의 터전이었다. 오름 언덕에는 제주인의 정신세계를 유추할 수 있는 중요한 문화재와 유적 등이 많이 남아 있다. 옛 전설이 살아 숨 쉬는 민속신앙의 터로서

제주 대표 관광자원 '오름'

신성시 여겼으며 다양한 예술 및 문학작품 등의 무대와 소재가 되는 등 인문
학적 가치가 높은 곳이다.

오름은 초지, 자연림, 인공림, 습지 등 다양하게 구성되어 있고 저마다 해발
고도가 달라 매우 다양한 생물적 다양성을 유지하고 있는 곳이다. 또한 화산
지형인 제주도의 형성과정을 살펴봤을 때 비교적 최근의 것으로서 원지형의
보존성이 높아 학술적인 가치도 높은 장소가 바로 제주도의 오름이다.

오름 등반은 산악 등반에 비하여 비교적 부담이 적어 남녀노소 관광객들
에게도 인기가 높은 편이다. 이는 제주도의 아름다운 풍경을 손쉽게 감상하
기에 좋아 휴식, 체험, 힐링의 생태관광지로서 각광받고 있다. 계절과 날씨에

따라 풍광이 달라지고 시간에 따라 느낌이 달라지며 일출과 일몰을 모두 볼 수 있는 곳이 많아 경관적 가치도 큰 장소이다. 제주의 오름은 가는 사람마다 오르내리는 길이 다른 것처럼 저마다 경험하고 느끼는 매력이 달라 특별함을 선사하고 있다.

바닷가 모래 언덕, 해안 사구

해안을 따라 분포하는 해안 사구도 중요한 가치를 가지고 있다. '해안 사구(海岸砂丘)'란 말 그대로 바닷가에 있는 모래 언덕을 뜻한다. 우리나라는 삼면이 바다로 둘러싸여 해안 어디에서나 쉽게 해안 사구를 만날 수 있다. 일반적으로 서해안은 바람이 강해 사구가 넓게 나타나고, 동해안은 사빈이 많아 길게 나타나는 편이다. '사빈(沙濱)'은 파랑(波浪)의 작용으로 형성된 해안 모래 퇴적지형을 말한다.

사구는 파도와 조류로부터 해안을 보호하는 역할을 하고, 사구 숲의 나무들은 해안 주민들에게 바람과 모래를 막아 주는 역할을 한다. 사구는 사빈의 모래가 바람에 날려 쌓인 지형이지만, 사빈에서 유실된 모래는 다시 사구로부터 보충되는 모래 순환 역할을 하며 해안 침식을 예방하고 해안 생태계의 안정성을 유지하는 데 중요한 역할을 한다.

또한 육지와 해양생태계의 완충 지역으로서 다양한 사구식물과 멸종위기 동식물이 서식하는 생태적으로도 중요한 공간이다. 해풍과 밀물 썰물에 의한 바다의 영향, 상황에 따라 모습이 달라지는 모래의 영향으로 일반 육상 생태계와는 다른 생물 종이 분포한다. 척박한 환경에서 여러 독특한 생물들이 살아가는데 해당화, 갯그령, 통보리사초와 같은 식물과 왕명주잠자리 등의 곤

　　　　　　　　　　　　　애매모호해서 흥미진진한 지리 이야기

국내 최대 규모의 태안군 신두리 해안 사구(출처: 위키피디아)

해안 사구에 서식하는 식물(출처: 한국관광공사)

충을 예로 들 수 있다. 모래에 둥지를 만들어 알을 낳고 곤충을 먹이로 하는 흰물떼새도 혹독한 바닷가 모래 언덕 환경에서 잘 적응하며 자연과 조화를 이루고 있다.

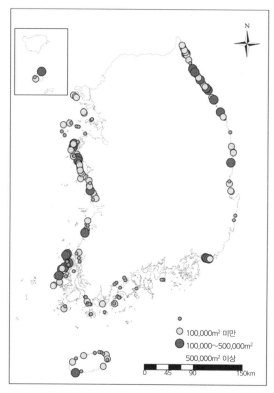

국내 해안 사구 분포도
(출처: 국립생태원)

○ 100,000m² 미만
● 100,000~500,000m²
● 500,000m² 이상

0   45   90   150km

 또한 해안 사구는 지하수 저장 창고 역할을 하기도 한다. 사구에 모인 지하 수는 바닷물이 육지로 들어오는 것을 막아 주고, 사구는 모래 사이로 흐르는 물을 여러 차례 걸러 내는 천연필터의 역할을 했다. 인근 주민들과 서식 생물 들에게 깨끗한 물을 제공하는 원천이라 할 수 있다.

 하지만 최근 인간의 이기심으로 인한 무분별한 개발의 영향으로 사구가 많 이 훼손되고 있다고 한다. 해수욕장 뒤편 언덕이 바로 사구에 해당하는 곳인 데, 이곳은 일찍이 상업시설, 관광시설이 들어서 있다. 도로가 지나가는 경우

애매모호해서 흥미진진한 지리 이야기

도 허다하며 최근에는 사구 소나무 숲 내부에 캠핑장 같은 시설까지 자리 잡게 되었다.

　상황이 이렇다 보니 사빈과 사구의 모래 침식을 막고자 임시방편으로 설치한 방파제나 관광객들의 편의를 위한 콘크리트 계단 등을 설치하기도 한다. 하지만 이러한 인공시설물은 모래 유실을 더욱 가속화하는 악순환만 초래하고 있다. 해안 사구라는 공간이 갖는 가치를 인식하고, 무분별하게 훼손되지 않도록 제도적 장치를 마련할 필요가 있어 보인다.

4.
애매모호함을 거쳐야 나오는 창의적 예술작품

　사물을 바라보는 기존의 익숙한 관점으로는 창의성 발현이 쉽지 않다. 다양하고 독특한 관점으로 사물이나 현상을 바라보기 위해서는 소위 정답이라는 틀 안에서 벗어나야 한다. 정답이 없다는 것은 해결책이 명백하지 않기 때문에 다소 불편할 수 있다. 우리는 본능적으로 낯섦과 변화를 회피하려는 경향이 있기 때문일 것이다. 하지만 이러한 모호한 상황에서는 문제를 해결하기 위해 다양한 관점과 아이디어를 들여다볼 수 있어 발상의 전환을 일으킬 상황에 직면하게 된다. 익숙하고 정해진 틀에서 벗어나 모호함 속에서 새로운 가능성을 찾아야 한다.

　인류 역사상 최고의 천재를 꼽으라면 단연 레오나르도 다빈치Leonardo da Vinci이다. 그는 화가이자 건축가, 발명가, 천문학자, 의사, 문학가 등 직업만 20개가 넘는 대단한 사람이다. 한 개인의 능력과 힘으로 그 많은 것을 했다

　애매모호해서 흥미진진한 지리 이야기

레오나르도 다빈치의 〈모나리자〉

는 게 믿기 어려울 정도의 천재성을 지녔다. 그런 그가 가장 중요하게 여겼던 것 중의 하나가 바로 '애매모호함'이었다. 그는 "모호한 것들을 껴안아라. 그리고 그 안에 들어가 모호함의 정체를 파헤쳐라"라고 말했다. 특히 그의 작품 〈모나리자Mona Lisa〉의 미소는 이런 애매모호함의 진수를 보여주고 있다. 무표정인지, 기쁜 표정인지, 슬픈 표정인지를 알 수 없는 이 미소는 기존의 화풍에 대한 창의적 도전이자 새로운 영감의 원천이 되었다. 실제로 얼굴의 미소를 컴퓨터로 분석하자, 행복한 감정이 83%, 두려움과 분노가 혼합된 부정적인 감정이 17% 섞여 있다는 결과가 나오기도 했다.

예술작품들은 종종 모호한 요소를 포함하고 있는 경우가 있다. 설명하는 해설은 없고 작품만 전시된다거나, 다양하게 해석될 수 있는 요소를 배치해 관람자들의 상상력을 자극하는 식으로 말이다. 이러한 모호함은 각자의 경험과 시선을 통해 작품을 이해하고 해석할 수 있도록 도와준다. 그럼으로써 작품은 관객과 상호작용하고 다양한 감정과 상상력을 불러일으키며 창의성과 영감을 제공하기도 한다.

러시아 출신의 프랑스 화가 마르크 샤갈Marc Chagall은 궁금증을 유발하는 의도적 모호함의 대가로 꼽힐 만하다. 많은 비평가가 샤갈의 작품을 이해하려고 나름대로 분석하고 노력했다. 그러다 보니 새로운 표현 방식과 다양한 해석을 가져온 그의 작품은 특별한 미술 사조 경향이 없었는데도 자연스레 유명해졌다고 한다. 유대인이지만 러시아 땅에 태어난 그는 세간의 편견을 극복하고자 이름을 개명하기까지 노력하였다. 유대인 설화나 유대인 마을을 상징적이면서도 초현실적으로 표현한 이 작품에서 알 수 있듯이 유대인의 정체성은 그의 작품의 근간을 이루고 있다.

마르크 샤갈의 〈나와 마을〉

애매모호해서 흥미진진한 지리 이야기

특히 〈나와 마을I and the Village〉 작품의 경우 사람과 동물이 친근하게 공존하는 모습, 대각선으로 나눠 각각의 장면을 그린 점, 동물 머리의 다양한 색상의 혼합과 그 안에 숨겨진 젖을 짜는 모습, 그림 상단에는 중력을 거슬러 있는 건물과 뒤집혀 있는 남녀의 표정과 상황, 하단에는 성경에 나오는 생명 나무와 달을 가리고 있는 태양의 부조화 등은 꿈속에서나 나올 법한 비논리적인 난해함으로 포개어져 있다.

플라스틱 쓰레기를 모아 숲을 만들었다고?

버려지는 애매모호한 물건으로 예술작품을 만드는 업사이클링 아티스트 토마스 담보Thomas Dambo가 있다. 버릴 것으로만 여겼던 쓰레기를 다른 시각으로 해석하고 재창조한 것이다. 더군다나 단순한 예술작품을 넘어 사람들

The Future Forest(출처: Thomas Dambo 인스타그램)

에게 강력한 메시지를 전하는 도구로 삼았다.

멕시코에 'The Future Forest'이라는 플라스틱 숲을 설치했는데 그 안에는 형형색색의 꽃들과 나무 그리고 동물들이 아름다움을 뽐내고 있다. 이를 위해 700명 이상의 학생들과 100명 이상의 자원봉사자들이 두 달간 약 3t의 쓰레기를 수거해 화려한 숲으로 만들었다.

쓰레기를 예술로 승화시키는 발상도 대단하지만, 그가 우리에게 암시하는 메시지를 지나칠 수 없다. 우리가 지금처럼 편리한 일상 하나만을 위해 플라스틱 쓰레기를 계속 만들어 낸다면, 미래에 쓰레기로 가득한 숲을 마주할 수밖에 없을 거라고 그는 경고한다. 동시에 자연과 인간의 관계를 재고하여 환경 문제에 관해 경각심을 갖게 한다. '쓰레기를 줄여 환경을 보호하자'라는 몇 마디의 말보다 더욱 강력한 힘이 느껴지는 메시지라 생각한다.

하천은 눈물, 등고선은 머리카락이 되는 지도 위의 초상화

오래된 지도 위에 그림이 그려져 있다. 이것은 낙서일까, 예술작품일까? 지도라는 것이 캔버스가 되는 애매모호함을 우리는 과연 얼마나 견딜 수 있을까? 에드 페어번Ed Fairburn이라는 영국의 예술가는 오래된 낡은 신발이 주는 편안함처럼 오래된 지도가 주는 익숙함을 활용해 작품을 만들었다. 그것도 연필과 만년필만을 가지고서 말이다. 수백 개의 곡선과 직선을 이어 입체감 있는 이목구비를 만들고 지도 위에 마치 원래부터 존재했던 인물처럼 표정을 지으며 우리에게 말을 건네고 있는 듯하다.

지도 위의 수많은 기호와 등고선에 의해 나눠진 조각들을 결합해 인간의 얼굴을 완성함으로써 에드 페어번은 '분열과 결합'이라는 주제를 표현하려

지도 위의 초상화(출처: Ed Fairburn 인스타그램)

했다고 말한다. 지리를 전공한 나에게도 공간이라는 것이 경계를 나누어 분열시키는 개념이 되기도 하면서, 경계 안에 우리를 가두어 소속되고 통합(결합)되게 만드는 느낌으로 다가온다. 또한 인간이 만든 지도 위의 '공간', 그리고 그 공간이 만들어 내는 '인간'의 떼려야 뗄 수 없는 관계에 대해 이야기한 게 아닐까 작가의 마음을 상상해 본다.

경계를 넘나드는 현대 예술의 선구자, 백남준

비디오 아트의 선구자라 불리는 백남준 작가는 기존의 틀을 벗어난 새로운 도전 정신으로 예술사에 한 획을 그었다. 지금은 다양한 매체를 활용한 설치 예술이 조금은 익숙해졌지만 1980년대 이전부터 그는 미디어를 활용한 예술 작품을 모색해 왔다. 그의 작품 안에서는 인간과 기술, 예술과 과학, 신체와 미디어, 관념과 행위, 시간과 공간 등 어울릴 것 같지 않은 것들이 경계 없이 뒤엉켜 있다(서울문화IN 블로그).

미국 천재 해커의 닉네임을 딴 '피버옵틱'은 백남준의 1995년 작품이다. 작가는 인간과 기계의 교집합을 모색하고자 하였다. 사람 같기도 한 로봇이 오토바이를 탄 모습은 뭔가 어색하면서도 신선한 충격을 주어 재미있다. 로봇이 사람처럼 움직이는 광경이나 로봇의 TV 몸체에 담긴 다채로운 영상들, 세계 일주라도 한 듯 여행지 스티커를 몸 곳곳에 붙인 로봇의 모습은 이질적이고 차가운 인상을 주는 로봇을 인간적이고 친근하게 했다.

AI와 로봇 등이 인간 삶에 깊숙이 침투하여 실생활과 산업에서 유용하게 활용되지만, 이로 인한 인간의 노동환경 악화나 사생활 유출 가능성 등 위험성에 대한 우려도 제기되는 요즈음이다. 30여 년 전 그의 놀라운 통찰력을 통해 지금 이 시대를 살아가는 우리는 인간과 기술의 조화로운 공존에 대해 적극적으로 모색하고 고민할 기회를 가져 보는 것은 어떨까.

1988년 개최된 서울올림픽을 기념해서 만든 '다다익선'은 백남준의 '비디오 아트' 하면 가장 먼저 떠오르는 작품이다. 무려 1,003개의 TV를 활용한 18.5m 높이를 자랑하는 이 작품은 10월 3일 개천절을 기념하였다. 올림픽을 계기로 대한민국이 다시 새롭게 열리게 된 것을 축하하는 의미라고 한다. 1,003개의 모니터에서는 경복궁과 부채춤, 고려청자 같은 우리나라의 문화를 담은 소재들과 함께 그리스의 파르테논 신전, 프랑스의 개선문 등 세계 각국의 상징물을 다양하게 섞여 송출되고 있다. 당시 뉴미디어 새로운 테크놀로지의 상징이었던 TV를 활용한 것은 대중에게 예술작품을 보다 친숙하게 다가가기 위한 의도도 있었지만, 상업화된 문화의 상징이자 비인간화된 기술을 풍자하기에도 더할 나위 없이 좋은 도구였기 때문이다. 각각의 브라운관

애매모호해서 흥미진진한 지리 이야기

에서 빠르게 지나가는 이미지들은 맥락 없이 모호해 보이지만 그냥 지나가기에는 발걸음이 쉽게 떨어지지 않는다. 미디어 홍수 속에 살아가는 우리에게 정보를 어떻게 판단하고 수용하면 좋을지 고민하고 미디어의 의미를 곱씹게하는 묘한 매력이 있다.

미디어 아티스트라는 예술가였지만 그는 작품을 위해서라면 음악, 비디오, 건축학, 물리학, 전자공학 등 다양한 분야를 스스로 섭렵하기도 하고 그 분야 전문가들과의 환상적인 콜라보를 통해 이러한 작품들을 만들 수 있었다.

미국에서 태어난 한국인으로서 일본 사람과 국제 결혼해 세계 여러 곳을 돌아다니며 활동했던 그의 출신 및 거주 이력도 그의 작품 세계를 이해하는 데 도움이 된다. 이곳저곳을 돌아다녔던 그에게 있어서 시간과 공간은 남다른 의미였고 예술활동에 있어 중요한 요소였을 것이다. 특히 하나의 시간대에 여러 공간이 존재할 수 있다는 특성, 여러 시간대가 한 공간에 모일 수 있다는 점을 TV라는 미디어를 통해 자신만의 예술로 표현했다.

2022년 국립현대미술관에서는 백남준 탄생 90주년을 맞아 기념식을 진행하면서, 그간 노후화로 고장이 잦은 탓에 전원을 꺼 놓았던 〈다다익선〉을 재가동하였다. 백남준이 국적과 시대를 초월해 오랫동안 주목받는 이유는 그가 예술의 경계를 자유롭게 넘나들며 보여 준 창의성 때문도 있지만, 친숙하고 흥미로운 방식으로 대중에게 다가가려 했던 그의 진심과 열정이 작품에서 느껴지기 때문일 것이다.

5.
애매모호의 황금비를 찾아라! 커피 블렌딩

커피나무의 열매

　세계적으로 커피는 남위 23.5°(남회귀선)부터 북위 23.5°(북회귀선) 사이에서 대부분 재배되는데 이를 커피 벨트Coffee Belt 또는 커피 존Coffee Zone이라고 한다. 남·북회귀선은 대략 열대와 온대를 구분하는 선이기 때문에, 커피는 주로 열대기후에서 재배되는 꼭두서닛과 상록수 식물로 이해하면 되겠다.

커피 종은 아라비카종과 로부스타종 두 종류만 있을까? 크게 분류하면 그렇지만 꼭 그런 것만은 아니다. 품종에 관한 분류는 불명확한 점이 많다. 현지 농가나 농장주도 품종을 정확히 파악하지 못하는 경우가 많고, 아라비카종과 로부스타종은 염색체 수가 달라 직접 교배는 불가능하나 약품처리 후 교배되기도 하고 티모르 하이브리드종처럼 독특한 자연교배도 일어난다.

전체 커피 재배종의 생산량 70%를 차지하는 중급 이상의 아라비카Arabica종은 주요 상업 품종으로 중남미 및 아라비아반도 및 아프리카 동부에서 주로 생산되고 산미와 풍미가 좋아 스트레이트로 마시기에 적합하다. 로부스타Robusta종은 재배종의 약 30%를 차지하는 커피로서 비교적 고도가 낮은 고온다습한 지역에서도 잘 자라고 관리가 수월해 병충해에 약한 아라비카종을 대신하여 많이 수확된다. 베트남, 인도네시아를 포함한 아시아에서는 대부분 로부스타가 재배되는데 카페인 등 수용성 성분이 상대적으로 좋아 인스턴트 커피나 블랜드용으로 사용된다.

커피의 주된 생산지는 남·북회귀선 안에 집중되어 있는데 이 안에서 연중 시기를 달리하며 재배된다. 예를 들어 북반구의 경우 10월에서 2월 전후, 남반구는 5월에서 9월 전후이다. 지역별 수확시기가 다르고 기후위기 등으로 해당 생산국의 수확량이 달라질 수 있는 상황에서 1년 내내 동일한 커피 품질과 향미를 유지하기 위해서는 블렌딩이 요구될 수 있는 상황이다.

커피의 향미는 기후, 품종, 선별, 운반, 보관, 로스팅 강도 등 많은 요인에 의해 좌우되는데, 커피를 블렌딩하면 더욱 복합적인 향미를 창조할 수 있고 향미의 안정성을 유지할 수 있다는 장점이 있다. 스트레이트 커피Straight Coffee의 단조로움을 탈피하고, 애매모호의 황금비를 찾아 개성 넘치는 새로운 향

커피 산지와 품종

미를 창조할 수 있는 매력이 블렌딩인 것이다. 그리하여 특정 커피숍이나 커피 체인점만의 특징적인 커피를 개발함으로써 다른 커피와 차별화되는 더 나은 커피를 만들 수 있다. 또한 블렌딩은 상대적으로 저렴한 커피를 혼합하거나 비싼 커피를 성격이 유사한 커피로 대체 사용할 수 있어 제조 원가를 낮출 수 있는 효과도 있다.

블렌딩이란 '다른 생산국의 커피를 섞는다'라는 발상이 아니라, '어떠한 향미의 커피를 만들까?'라는 접근 방식으로 향미의 이미지와 블렌딩을 결정해야 한다. 따라서 블렌딩 하려면 향미의 이미지가 명확하지 않으면 안 된다. 향미의 이미지만 있으면 어떤 콩을 사용하더라도 상관없는 것이다. 어찌 보면 우리는 커피의 본질인 어떤 콩을 사용하는지보다 어떤 향미의 커피가 나에게 맞는지 취향을 선택하고 있는지도 모르겠다(호리구치 토시히데, 2012).

커피는 열대기후의 뜨거운 태양 아래서 재배된다고 생각하기 쉽지만, 실제로 커피가 재배되는 지역은 사람이 살기에 아주 쾌적한 기후를 갖추고 있다.

애매모호해서 흥미진진한 지리 이야기

평균 기온과 강수량이 알맞은 산의 경사진 비탈이나 선선한 고원지대에서 커피를 재배한다. 커피의 생육은 기온의 영향을 많이 받는데 아라비카종의 자생지인 에티오피아 고원처럼 그늘이 많고 연평균 기온이 22℃ 내외인 지역이 적당하다.

그렇다고 커피 재배가 해발고도 1,000~2,000m 정도의 고지대만 적합한 것일까? 꼭 그런 것만은 아니다. 커피의 원산지 동아프리카 에티오피아처럼 적도 근처는 열대 저지대(低地帶)보다는 선선한 고산 지방이 적합하지만, 적도에서 멀어질수록 기온이 낮아지므로 저지대에서도 커피가 재배될 수 있다. 블렌딩이나 인스턴트 커피 제조용으로 주로 사용되는 로부스타 종의 경우에는 베트남과 같은 저지대의 열대기후에서도 잘 자라는 편이다.

커피는 적정 온도보다 높으면 열매가 빨리 익고 수확량이 많아지지만 나무가 빨리 늙고 병에 약해진다. 반면 기온이 너무 낮으면 나무가 늦게 자라고 몸집이 왜소해지므로 수확량 역시 적다. 그야말로 기온이 너무 높지도 낮지도 않은 애매모호하면서도 적당한 온도가 제격인 것이다.

커피 재배 조건 중 강수량은 연간 1,200~1,600mm의 강수량이 필요하며 특히 종자가 자라는 성장기엔 물이 모자라면 수확량에 문제가 생긴다. 최근 특정 지역에는 비 내리는 시기가 규칙적이지 않고 기상 변화가 잦아 커피 생산량이 들쭉날쭉한 경우가 많다고 한다. 결론적으로 재배에 필요한 연 강수량은 대략적인 수치 범위일 뿐 많아도 적어도 안 되며, 성장기에는 비가 많이 오는 우기일수록, 수확기에는 비가 적게 내리는 건기일수록 유리한 적절한 강수 패턴이 더 중요한 것이다.

6.
경계의 새로운 가능성

　금강을 사이에 둔 충남 서천군과 전북 군산시를 연계하는 특별지방자치단체를 설립하자는 제안이 나왔다. 특별지방자치단체는 지방자치법에 따라 2개 이상의 지방자치단체가 공동으로 특정한 목적의 광역 사무를 처리하기 위해 공동으로 설치하는 특수 형태의 조직으로 조례·규칙 제정, 조직·인사권, 예산 편성·집행권 등 자치권이 부여된다.

　김중신 군산시 의원은 2023년 1월 "인구 감소로 인한 지방 소멸의 위기를 비롯해 교통·환경 등 자치단체 경계를 넘나드는 행정 수요 발생 등 새로운 환경 변화에 직면, 경쟁보다는 상생으로 자치단체 상호 간 협력 체제를 긴밀하게 모색할 때"라며 이같이 주장했다.

　다음의 데이터를 분석해 볼 때 주목할 점은 전북 군산시보다 충남 서천군이 오히려 이러한 전략 수립에 앞장서야 할 것으로 보인다. 네이버 검색량과

　애매모호해서 흥미진진한 지리 이야기

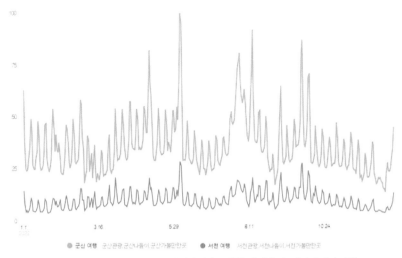

2022년 군산여행과 서천여행을 네이버 검색데이터 조회한 결과(출처: 네이버 데이터랩)

실제 관광 인구가 비례한다고 전제한다면 군산은 서천보다 대략 3배 많은 관광객을 유치하고 있음이 짐작된다. 인구와 산업 및 관광지 매력으로서 상대적 열세인 서천군이 지리적으로 인접한 군산 관광객을 연계 유치할 수 있도록 보다 적극적으로 나서야 할 것으로 판단되는 대목이다.

사실상 하나의 생활권으로서 두 지역은 왕래가 빈번하고, 군산시 시화(市花)와 서천군의 군화(郡花)가 '동백꽃'으로 같고, 금강 하구둑을 '진포'라고 명명하는 것은 물론 군산과 서천에 월명산이 있을 정도로 동질성이 강한 공동체이다. 최근 동백대교 개통으로 더욱 가까워진 상황에서 특별지방자치단체 설립 주장이 나온 것은 두 지역 간 상충하는 이해관계를 해결하고 공동의 이익을 발굴하기 위해서이다.

구체적으로는 금강 하구의 준설토 투기장인 금란도 재개발사업, 금강하구

밴쿠버(캐나다)와 시애틀(미국)

둑 해수 유통 문제 및 공동 조업지역 조정 등 머리를 맞대 이해관계를 조정하고 양 지역의 관광자원을 공동 홍보하여 이용료 감면 등의 혜택을 제공하여 공동의 번영을 이룰 수 있다고 판단한 것이다. 지나친 지역이기주의가 만연하여 제로섬 게임에 불과했던 지자체 간 과잉 경쟁을 지양하고, 부디 상생을 통한 동반 성장으로 양 지역의 발전을 앞당길 수 있는 모범 사례가 되었으면 하는 바람이다.

이러한 지역 간 경계 지역 중 국경을 넘어 협력과 교류를 활발히 진행하면서 지역의 경제 발전과 상생을 촉진하는 사례가 있다. 미국과 캐나다 국경에 위치한 워싱턴 주 '시애틀(미국)'과 브리티시 컬럼비아 주 '밴쿠버(캐나다)'는 서로를 잇는 테크놀러지 벨트를 만드는 등 다양한 협력 프로젝트들을 진행하면서 서로 밀접한 관계를 맺고 있다.

두 곳은 태평양 연안 북서 지역을 대표하는 도시들로서 비슷한 온대기후,

애매모호해서 흥미진진한 지리 이야기

진보적 정치 성향 및 문화, 첨단기술산업이 발달하고 친환경적 도시라는 유사점이 있으나 국경을 사이에 두고 시너지를 내고 있지 못했다. 그러나 이제는 도시 간 협력 강화를 통해 접근성을 높이고 상생 효과를 기대하고 있다. 공통점이 많은 두 도시를 연계시켜 혁신과 경제 발전의 글로벌 허브로 만들기 위한 민간 투자를 지원하고 정부 간 협력을 강화하는 내용의 MOU를 2016년 체결한 것이다.

두 지역 경제는 전통적으로 광물, 농산물, 목재업과 같은 자원채취형 산업으로 연결되었다면, 앞으로는 IT, 생명공학과 같은 첨단기술 산업으로 확장될 필요가 있음에 공감했다. 교통망 확충, 대학 간 공동학위 과정 신설 등 구체적인 정책을 통해 연결성을 높임으로써 글로벌 혁신 허브로 발전하고, 글로벌 인재를 끌어올 것이라는 계획을 세웠다. 이에 따라 캐나다 밴쿠버 BC 암협회British Columbia Cancer Agency와 미국 시애틀의 프레드 허친슨 암 연구센터Fred Hutchinson Cancer Center가 기술 연구 협력MOU을 체결했고, 미국 워싱턴 대학, 캐나다 브리티시 콜롬비아 대학 총장들도 참석하여 첨단기술 인력 교육 연계 프로그램 개발을 논의하였다. 시애틀 시장도 밴쿠버시와 환경정책, 주거비 안정, 지진 등 재난 대비를 위한 협력양해각서MOC를 체결하기도 하였다.

MS, 아마존, 보잉사 등의 미국의 글로벌 기업들은 밴쿠버 지사 및 소프트웨어 개발센터를 확대하는 추세이다. 이는 스타트업 활성화를 위한 생태계가 잘 구축된 캐나다의 매력과 제품 개발 성공 이후 빅마켓인 미국 시장 진출을 염두에 둔 것이다. 또한 고학력 전문직 이민이 상대적으로 용이한 밴쿠버에서의 채용을 늘려 미국 내 고급 기술 인력 부족 문제를 해결하려는 전략이다.

이를 위해 캐나다 정부도 해외인력 고용에 요구되는 경제영향평가를 면제해 주는 등 적극 발맞추어 지원하고 있다.

나아가 물리적으로 230km나 떨어진 두 도시 간 접근성을 높이고 교통문제 해결을 위한 방안들 가운데 하나로 초고속 전철 건설안이 거론된다. 자동차로는 보통 3시간 내외로 소요되는데, 시속 200마일 이상 속도로 달리는 전철은 두 도시를 1시간 안에 연결할 수 있다. 하지만 300억 달러 이상 될 것으로 예상되는 예산안을 해결해야 하는 과제는 여전히 남아 있다. 2018년 연구 보고서에 따르면 한 시간 내로 시간 거리가 축소된다는 것 외에도 향후 40년간 초고속 열차를 운영하면서 600만 t의 온실가스 배출을 줄이는 효과는 덤이다. 이는 현재 배출량의 40%를 감소하는 효과인 셈이다. 또한 경제적인 혜택으로는 20만 개의 새 일자리가 생기고 3,550억 달러의 경제 이익을 창출할 수 있다고 추산된다.

시애틀의 테크 관계자들은 이보다 비용이 덜 드는 방안을 제시하기도 한다. 그것은 시애틀에서 캐나다 국경에 이르는 5번 프리웨이에 무인 차량 전용차선을 만드는 것이다. 그렇게 된다면 출퇴근 시간을 대폭 줄일 수 있는 데다, 그 시간에 탑승자가 영화를 보거나 일을 하는 등 편하게 오갈 수 있다. 또한 2018년부터 시애틀-밴쿠버 간 경비행기 택시 서비스를 개설하여 국경 검문과 교통정체로 낭비되는 시간을 줄이려는 노력도 보인다. 해당 서비스는 특히 하이테크 업무 종사자 중 사업차 국경을 건너 출장을 오가는 사람들이 가장 큰 고객이 되는 것으로 파악된다.

자칫 경계 지역은 지역이기주의로 다양한 문제와 도전에 직면할 수 있지만, 한편으로는 지역 간의 교류와 협력을 촉진하는 허브로서 새로운 가능성과 매력을 충분히 가진 곳이다. 지역 간 인적·물적·문화적 자원의 공유와 협력을 통해 양 지역의 발전과 주민들의 삶의 질 향상에도 도움을 줄 수 있을 것이다. 이것이 우리가 경쟁과 대립의 관점을 벗어나 상생과 연대의 공간으로서 경계 지역을 바라보고 해석해야 하는 이유이다.

제4화

애매모호함의 가치

1.
점이지대 DMZ의 가치와 새로운 미래

　갈등과 대립의 상징 DMZ는 '평화, 공존, 생태'의 중심으로 거듭날 수 있을까? 한반도 면적의 0.4%, 한반도 전체 동식물의 30%, 멸종위기종 82종, 동식물 3,000여 종이 서식 분포하는 곳이 바로 한반도의 허리를 가로지르고 있는 248km의 'DMZ'이다.

　정전협정 체결과 함께 남과 북에는 DMZ라는 공간이 생겼다. Demilitarized Zone의 약자인 DMZ는 '비무장지대'라는 뜻으로 국가가 자국의 영토임에도 국제법상 병력 및 군사시설을 주둔시키지 않을 의무가 있는 특정 지역이나 구역을 의미한다. 한반도의 DMZ는 1950년 6월 25일 발발한 한국전쟁이 1953년 7월 27일 정전협정에 의해 휴전됨으로써 생겨났다. 한국전쟁이 종전(終戰) 아닌 정전(停戰)으로 마무리되고 육상의 군사분계선을 중심으로 남북으로 각각 2km씩 양국의 군대를 후퇴시키기로 약속하면서 만들어진 지

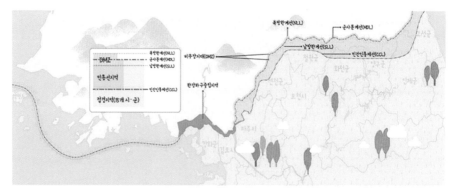

한반도 DMZ 일원의 공간 구성

DMZ 일원은 통상적으로 DMZ·민통선 지역·접경 지역을 포함하며 총 길이는 248km, 남측 넓이는 453km²에 이르는 지역이다(출처: 경기도DMZ비무장지대).

역이다. 임진강 하구인 경기도 파주시에서 동해안인 강원도 고성군까지 이어진 248km 거리에는 1,292개 표지판이 배치되어 있으며, 이곳은 세계에서 가장 중무장되어 첨예하게 대립하고 있다. DMZ는 휴전 상태인 남북한의 군사적 충돌을 방지하기 위한 군사적 완충지대 역할을 하는 것이다.

이러한 DMZ가 전쟁의 폐허에서 생물다양성의 보고로 변신했다. DMZ 인접 지역에는 식생우수 지역, 습지, 희귀식물군 서식지, 자연 경관지 등 다양하고 중요한 자연생태 지역이 존재하며 고등식물과 척추동물 2,930여 종이 서식·분포한다. 이는 한반도에 서식·분포하는 동식물의 30%에 해당하며 두루미, 저어새, 수달, 산양 등 보호가 절실한 멸종위기종 82종이 포함돼 있다. 특히 한강하구 중립 지역은 주요 철새들을 보호하기 위해 국제적으로 주목하고 있는 지역이며 2006년에는 한강하구 습지보호구역으로 지정되기도 하였다.

또한 DMZ는 한반도의 동서생태축으로 변모했다. 한반도의 허리 248km가 동서로 끊어지지 않고 연결된 생태계, 즉 동서생태축으로서 남북생태축인 백두대간과 함께 한반도의 핵심 생태축이 되었다. 동서생태축은 크게 다음의 세 지역으로 나뉜다. 첫째는 중동부 산악 지역이다. 백두대간부터 한북정맥까지의 북한강 유역으로 높은 산과 울창한 숲이 펼쳐져 있고, 향로봉 일대는 원시림에 가까운 생태계를 유지하며, 대암산 정상부에는 람사르 협약에 등록된 국내 유일의 고층습원(용늪)이 있다. 둘째는 중서부 내륙 지역이다. 한탄강 유역 화산지대인 철원평야와 연천을 포함하며 임진강이 있고 두루미와 재두루미가 겨울을 지낸다. 셋째는 서부 지역이다. 한강과 임진강 하구를 포함해 대규모 습지와 갯벌이 발달한 기수 지역*으로 한강하구는 남한에 남은 마지막 자연 하구이기도 하다. 이를 볼 때 DMZ 일원은 산악지형인 동부 지역부터 하구와 갯벌의 평탄지형인 서부 지역에 걸쳐 동고서저(東高西低)를 이루는 것을 알 수 있다.

DMZ는 한반도의 지질학적 역사를 품고 있다. 한반도를 가르는 추가령구조곡, 한탄강·임진강을 따라 형성된 주상절리, 적벽 등은 한반도의 지질학적 역사를 보여 주는 동시에 경관도 아름다워 관광자원으로서 가치가 크다. 특히나 50만 년 역사 한탄강 유역 화산지형은 지질학적 가치가 높아 2020년 유네스크 세계지질유산에 지정되었다. 전쟁의 아픔을 간직한 DMZ이지만, 이제 생태적·지질적 가치들을 모아 평화와 통일의 시대를 준비할 때이다.

갈등과 전쟁에 주목한 경계는 서로 간의 대치와 증오가 팽배하지만, 역설

---

* 민물과 바닷물이 만나 섞이는 수역을 뜻한다. 한강하구는 한강의 담수 생태계와 서해의 해양 생태계가 교차하여 생물다양성이 풍부하고 생물의 이동 통로로 중요한 기능을 한다.

서독과 동독의 옛 국경선은, 독일어로 '녹색 띠'를 뜻하는 그뤼네스반트라는 이름과 함께 자연보호구역으로 탈바꿈했다.

독일을 가로지르던 1,400km 길이의 그뤼네스반트는 이제 독일 통일의 상징이 되었다(출처: 위키피디아).

유로피언 그린벨트

적이게도 전쟁의 상처를 치유하고 화해하는 작업 역시 국경에서 시작된다. DMZ가 평화 생태 안보 관광지로서 남북 간 상호 이해와 공존을 모색하면서 이념이 부딪치는 곳이 아닌 평화와 창조의 공간이 되길 소망한다.

　근대국가의 탄생 이후 접경지대는 사회 정치적 주변부에 머물렀지만, 민간인 접근 제한과 낮은 인구밀도로 자연 생태계가 보존된 공간이다. 일부 국가는 이런 곳을 접경지역 생물권 보전지역으로 지정해 공동으로 관리하고 있다. '죽음의 선'으로 불렸던 옛 동·서독의 국경을 녹색지대인 '그뤼네스반트

Grunes Band'로 변화시키고, 냉전시대 '철의 장막*'이 있던 자유주의와 공산주의 진영 간 경계지대가 생태보호구역으로 지정되면서 '유럽 그린벨트' 국경 협력이 진행된다.

이런 지역들은 생태학적 위기 시대에 요구되는 상호협력적 국경 정책을 통해 생태학적 공간으로 거듭난 사례이다(차용구, 2021). 신영복은 저서 『변방을 찾아서』에서 변방의 의미와 가치를 규정하며 "중심부에서 멀리 떨어진 주변부"로 인식되는 변방을 "새로운 중심이 되는 변화의 공간, 창조의 공간, 생명의 공간"으로 이해했다. 그는 변방의 새로운 가능성을 찾아내어 새로운 미래에는 변방의 의미를 역전시켜야 함을 역설하고 있다.

---

* '뚫을 수 없는 장벽'이라는 의미로 제2차 세계대전 이후 소련 공산주의권 국가들의 폐쇄성을 비유한 표현이다.

애매모호해서 흥미진진한 지리 이야기

2.
중용, 치우침 없는 삶의 지혜를 말하다

　불가근불가원(不可近不可遠)이란 가까이하기도 어렵고 멀리하기도 어렵다는 뜻이다. 난로를 너무 가까이하면 뜨겁고 너무 멀리하면 추워지듯이, 사람과 관계를 맺을 때도 알맞은 거리를 찾는 지혜가 필요하다. 너무 가까이하다 보면 상대의 허물이 보여 실망하기도 하고, 너무 멀리하다 보면 관계가 느슨해지고 서운해지는 경우가 우리 삶에 얼마나 많았던가?

　사실 가까이와 멀리라는 말은 절대적인 거리로 측정될 수 없다. 상황에 따라 상대일 수 있는 그야말로 애매모호한 표현이기도 하다. 가령 몹시 추운 사람은 난로에 가까이 다가가야 비로소 온기를 느낄 것이고, 몸이 따뜻한 사람은 난로로부터 멀어져야만 적당한 온기를 느낄 수 있다. 난로의 온도에 따라 얼마나 가까이 다가가야 하고, 얼마나 멀어져 있어야 하는지의 정도 또한 달라진다. 절대적이고 완벽한 답을 찾는 것이 불가능하며 그저 적당히 알맞은 거리를 찾아 유지할 뿐이다.

아랍 속담에 '해만 밝게 비치고 비가 오지 않으면 사막이 된다'라는 말이 있다. 누구나 삶에서 행복하고 밝은 날만 계속되기를 바라지만, 고난과 고통 없는 삶은 감사와 인내를 모르는, 사막같이 황량한 삶이 될 수 있다는 의미이다.

올바른 소금 섭취가 중요한 이유도 이렇다. 소금을 너무 많이 먹으면 고혈압 등 다양한 질환의 원인이 되지만, 너무 적게 먹을 경우 기운이 빠지고 현기증·근육 경련 등의 원인이 될 수 있어 적정량의 섭취가 매우 중요하다는 사실을 알고 있을 것이다. 이 또한 적정량의 권장 섭취량이 있긴 하지만 개인의 체중이나 신체 상황에 따라 다소 가변적일 수 있다.

자동차 운전의 경우에도 앞차와의 거리가 너무 가까우면 안전거리 확보가 안 되어 사고 위험이 높아지지만, 앞차와의 거리가 너무 멀어도 교통 체증을 일으키는 요인이 되기도 한다. 고속도로 운행 속도의 경우에도 최고속도와 최저속도 제한이 모두 있는 것은 적당한 속도로 안전 운전하는 것이 중요하기 때문이다.

이렇듯 우리 삶에 적당히, 올바른, 균형, 알맞음의 지혜는 생각보다 중요하다. 중용(中庸)이란 극단 혹은 충돌하는 모든 결정에서 중간의 도(道)를 택하는 유교 교리를 말한다. 지나치거나 모자라지 아니하고 한쪽으로 치우치지도 아니한, 떳떳하며 변함이 없는 상태나 정도로 정의되기도 한다. 지나친 것은 미치지 못한 것과 같다는 '과유불급(過猶不及)'도 어느 한쪽으로 치우침이 없는 상태 즉, '중용'이 중요함을 가리킨다. 이렇듯 중용은 극단으로 치닫지 않고 편협하지 않은 까닭에 미덕이 되었다.

아주 오래전 이러한 애매모호한 적당함의 균형을 벌써 강조한 인물들이 있

애매모호해서 흥미진진한 지리 이야기

다. 아리스토텔레스Aristoteles는 이 적당한 것을 가장 좋은 것으로 보았다. 어느 한쪽으로 치우치지 않는 중용(中庸)의 생활 자세를 강조하였다. 아리스토텔레스는 마땅한 정도를 초과하거나 미달하는 것은 악덕이며, 그 중간을 찾는 것을 참다운 덕으로 파악하였다. 그는 용기(勇氣)란 무모하지도 않고 겁을 먹지도 않는 상태라 했고, 절제(節制)란 방종도 아니요, 무감각하지도 않은 상태라 했다. 그리고 긍지란 오만하지도 않고 비굴하지도 않은 것이며, 관대함이란 낭비도 인색도 아닌 상태라고 했다(이상욱, 2019).

서양 그리스의 플라톤Platon은 어디에서 그치는지를 알아 거기서 머무는 것을 인식하는 것이 최고의 지혜이며 따라서 크기의 양적 측정이 아닌 모든 가치의 질적인 비교를 중용이라 하였다.

공자(孔子)는 때와 처지를 가려 가장 적절한 행위를 선택하는 것을 중용의 구체적 실천으로 예시한다. 모자라지도 넘치지도 않게 사는 것은 정성을 필요로 하는 일이고, 삶에 대한 적극적이고 진지한 성찰에 기반을 둔다. 이는 많은 것들이 양적으로만 비교되는 경쟁 사회를 살아가는 현대 사람들에게는 실천하기 어려운 삶의 태도라 할 수 있다. 하지만 삶과 현상이 양극으로 치우쳤을 때 우리에게 닥칠 문제와 갈등을 생각해 본다면, 중용의 미덕은 과거의 가르침으로 묻혀서는 안 될 중요한 가치임을 깨닫게 된다.

정약용(丁若鏞)은 보편적인 것에 초점을 두면 특수한 것에 어두울 수 있어 정밀한 것을 강조했다. 초월적인 것에 치중하면 중도를 잃어버릴 수 있기에 중용을 강조했다는 말이다. 정약용은 중용을 산술적 중간이 아니라 A를 반대되는 B와 공존시켜서 균형을 유지하도록 하는 방식, 즉 'A이면서도 B' 형식으로 제시한다. 사고나 행위가 편협되고 경직되는 것을 막기 위해 모순마저 끌

어안을 수 있는 개방적이고 유연한 모습을 보여 준다.

그렇다고 보편적인 정의를 고려하지 않은 채 기계적인 중간을 중용으로 이해하는 것은 잘못된 판단이다. 인간다운 도리에 어긋나고, 객관적 거리를 유지하는 공정성을 어기며, 영원히 지속하는 진실이 아닌 것은 경계한다. 이는 기준과 원칙 없는 양보를 거부하고, 적당한 타협과 절충을 경계하는 정도(正道)로서의 중용을 의미한다.

중용은 기계적인 중간을 의미하지 않는다. 중용은 양측의 극단적인 입장이나 생각을 넘어서 중간의 바람직한 지점을 찾는 것을 의미한다. 중용은 그 자체로 극단주의적인 사고방식과 대립하는 것이 아니라, 상황과 문제에 따라 적절한 조화와 균형을 찾는 것을 추구하는 태도이다.

중용은 각각의 극단적인 입장에서 얻을 수 있는 이점들을 살리면서도 그들이 가진 결점들을 극복하는 방법으로 볼 수 있다. 이것은 개인적 또는 사회적 문제에서 모두 적용 가능한 태도로서, 중용적인 사고방식은 상황과 문제를 다각적으로 바라보고 해결책을 찾는 데 큰 도움이 된다. 우리가 살아가고 있는 현실을 바라보면 정치적인 관용성과 포용성은 사라져 가고, 편 가르기로 폐쇄성과 배타성이 높아져 가고 있다. 극단주의는 자신의 광적인 믿음을 강요하고 자신과 다른 것은 혐오하면서 대결과 충돌로 치닫는 중이다. 또한 알고리즘을 통한 편향의 재생산과 강화는 극단주의가 구조적으로 심화될 수 있다는 우려를 제기한다. 이러한 극단주의의 노출은 극단주의를 확산시키는 악순환의 덫에 우리를 가둘 수 있어 경계해야 한다.

중용에서는 극단의 시대가 초래할 폐해를 예상했던 것일까? 그래서 중용의 저자는 극단에 빠져 대립과 갈등으로 치우친 시대의 흐름을 평화와 균형

애매모호해서 흥미진진한 지리 이야기

쪽으로 되돌리고자 하였다. 이런 맥락에서 중용에 따른 삶이란 사람의 사고와 행동이 극단주의로 진행되는 것을 막을 수 있는 균형적 사고와 실천적 지혜가 결합한 윤리적 삶을 가리킨다고 볼 수 있다.

3.
더운 공기와 찬 공기 간 세력다툼,
길어도 짧아도 문제인 장마

　장마는 여름철에 여러 날 동안 계속 비가 내리는 현상이나 날씨를 이르는 말이다. 차갑고 습윤한 오호츠크해 기단과 덥고 습윤한 북태평양 기단 사이에 정체전선이 생기면서 장마는 시작된다. 여름이 되면서 남쪽의 북태평양 기단은 세력을 확장하면서 올라오고, 북쪽의 오호츠크해 기단은 세력이 축소되면서 정체전선은 남쪽에서부터 북쪽으로 올라간다. 즉 우리나라의 장마는 일반적으로 제주도를 시작으로 남부, 중부, 북부 지방 순으로 진행되고 약 한 달간 오르락내리락을 반복하면서 전국에 장맛비를 내리는 것이다.

　사실 여름철로 접어들면서 더운 기단과 차가운 기단의 세력 싸움의 승패는 뻔하다. 여름이 되었다고 순순히 자리를 양보하고 싶지 않은 차가운 기단*과

---

* 기단(air mass)이란 성질이 일정한 거대한 공기 덩어리를 말한다.

애매모호해서 흥미진진한 지리 이야기

더워지는 기세를 몰아 밀고 올라오려는 더운 기단의 세력 대결이 바로 6월 말 ~7월 중하순까지 약 한 달간 지속되는 장마철이다.

기후변화로 인한 기상 이변이 잦아든 요즈음 장마는 평소보다 길어도 짧아도 문제가 될 수 있다. 2020년 여름 중부 지방에 장마가 54일이나 지속되었고, 이듬해 2021년에는 17일 만에 여름 장마가 끝났다. 장마가 길어지면 홍수로 인한 각종 공공시설물 피해, 농경지 침수 확대, 장기간 강수로 인한 지반 약화로 인한 산사태, 일조량 부족과 침수로 인한 농작물 피해로 인한 물가 상승 등의 문제가 발생할 수 있다. 또한 마른장마 또는 장마가 짧게 끝나면 수자원 공급이 부족해져 가을부터 이듬해 봄까지 각종 용수 부족과 일찍 찾아오는 폭염 등의 문제점이 발생할 수 있다. 이렇듯 너무 길어도 짧아도 문제가 되는 장마는 적당한 시기에 적당한 양의 비를 내리고 지나가야 제 역할을 잘했다고 볼 수 있다. 이른바 치우치지 않는 균형의 중요성을 자연으로부터 새삼 느낀다.

장마라고 하면 여름철 집중 호우로 인한 홍수나 산사태 등 자연재해 피해가 커서 부정적 측면만 강조되지만 사실 우리가 알지 못했던 긍정적 측면도 많다. 다음은 '장마의 이로운 점'을 몇 가지 더 살펴보고자 한다.

첫째, 경제적인 측면이다. 우리나라 여름철 강수량은 연 강수량 1,200~1,300mm의 50~60%를 차지한다. 특히 장마 기간 중의 강수가 여름철 강수에 상당 부분을 차지하는데 약 2,470억 원의 가치에 달한다고 보고된다. 장마로 인한 마케팅 시장도 변하고 있다. 날씨 경영 혹은 날씨 마케팅이라는 용어에서 날씨와 경제의 밀접한 상관관계를 짐작해 볼 수 있다. 유통업계에서는 소위 '경기는 3할, 날씨는 7할'이라는 말이 있을 정도로 날씨의 파급력이 상상

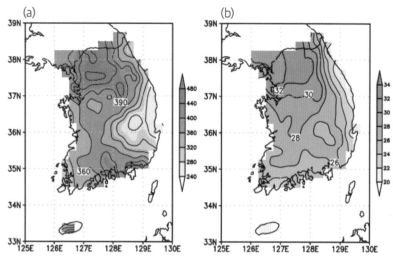

장마 기간 강수량 분포(a)와 연 총강수량에 대한 장마 기간 강수량 비율(b)
(1991~2020 기후평균, 출처: 기상청 장마백서, 2022)

이상이다. 비가 오면 배달 음식 매출이 오르고, 인터넷쇼핑·홈쇼핑의 매출이 오르는 편이다. 한 온라인 쇼핑몰의 경우 전주 대비 일 평균 판매 건수가 30% 정도 증가했다. 그러다 보니 업체마다 강수가 있는 날을 겨냥해 관련 상품을 할인하는, 이른바 장마 마케팅을 펼치고 있다. 과거 일부 건설업체의 날씨경영에 국한되었던 날씨 정보가 다양한 업체의 마케팅으로 활용되는 예가 늘어나고 있는 것이다.

둘째, 수자원의 측면이다. 장마철 강수량은 우리나라 연 강수량의 30% 내외로 많은 양의 비를 가져다준다. 따라서 장마는 매우 중요한 수자원 공급원이라 할 수 있는데 장마철 강수는 댐에 저장되어 공업용수, 농업용수, 생활용수 등으로 활용되거나 수력 발전을 통해 전기를 생산하기도 한다. 기후변화

애매모호해서 흥미진진한 지리 이야기

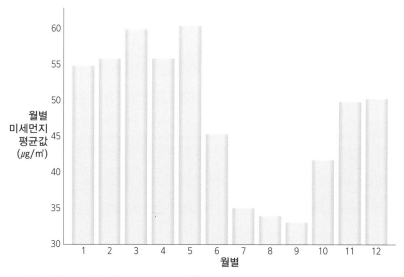

미세먼지 월별 대기오염도(2010~2017년 4월)(출처: 환경부)

로 인한 물 부족 현상이 대두되고 있는 시점에 장마로 인한 수자원 확보는 매우 중요하다.

셋째, 환경적인 측면이다. 장마는 환경에도 엄청난 이익을 가져다주는데 미세먼지 및 대기 중 오염물질을 제거하여 대기 정화 효과가 매우 크다. 실제로 미세먼지, 이산화질소, 아황산가스 등의 월별 분포는 여름철에 낮게 나타나는데 장마 기간인 6~7월부터 대기 중 오염물질의 농도가 급격히 떨어지는 것을 볼 수 있다. 장마철 집중되는 강수는 대기를 평소보다 습하게 만들어 여름철 산불을 예방하기도 한다. 대기뿐만 아니라 장마 기간 강수는 수질을 개선하는 역할도 하는데 댐 유역에서 10mm 강수가 있을 때 약 9,300만㎥ 물의 유입이 발생하고 이는 0.26ppm 정도의 수질 개선 효과가 있다는 보고가 있다. 또한 장마 기간 강수는 도시의 열섬 현상을 낮추는 냉방 효과도 만들어 장마가 길어지면 장마 종료 후 시작되는 열대야가 늦춰지기도 한다.

넷째, 농업적·생활적인 측면이다. 장마는 봄철 가뭄을 해소하는 역할을 한다. 우리나라의 봄철은 겨울철보다 강수량이 조금 많지만 기온이 더 높아 상대적으로 더 건조하고 가뭄이 생기기 쉽다. 하지만 장마 기간 내리는 많은 강수는 고갈된 지하수층에 물을 공급하여 말라 있던 농작물에 충분한 물을 공급한다. 또한 습하고 더운 날씨 때문에 사람들의 생활 습관이나 패턴이 그에 맞게 변하고 업체들은 이를 장마 마케팅으로 활용해 특수를 한껏 누릴 수 있는 시즌이 된다. 장마는 여름철 불청객 모기를 감소시키는 역할도 한다. 장마가 길어질수록 고여 있던 웅덩이를 씻겨 내기 때문에 그 안에 있던 모기 알과 유충이 줄어들면서 모기의 개체 수가 줄게 되는 것이다. 장마 기간 살충제 판매량이 평소보다 약 30%가량 감소하는 것은 이를 뒷받침해 주는 재미있는 사실이다.

4.
바다 같기도 하고 육지 같기도 한 갯벌의 가치

갯벌은 조류의 퇴적 작용으로 형성된다. 조류란 육지 쪽으로 밀려오는 밀물과 바다 쪽으로 쓸려 나가는 썰물을 일컫는다. 달과 태양 그리고 지구 사이에 잡아당기는 힘(인력) 때문에 바닷물이 높아지는 만조와 낮아지는 간조를 반복하는 조차가 나타나면서 자연스럽게 수평적인 바닷물의 흐름, 즉 조류 현상이 나타난다.

갯벌이란 밀물 때는 바닷물에 잠겨 침수되고 썰물 때는 땅처럼 드러나는 바닷가에 있는 벌판이다. 갯벌은 하천에 의해 흙모래 공급량이 많고 조차가 크며 수심이 얕고 해안선이 복잡한 곳에서 발달하는데, 우리나라에서는 서해안과 남해안이 갯벌 형성 조건의 최적 환경이 된다. 우리나라 서해 갯벌은 세계 5대 갯벌에 해당할 만큼 대단한 규모를 자랑하기도 하는데 조개, 고둥, 게, 갯지렁이, 개불, 낙지 등 다양한 생물들이 서식하고 있고, 이 생물들을 먹이로 하는 어류와 조류도 대량 서식하는 생명의 보고이다.

또한 갯벌은 뛰어난 오염물질의 정화 능력이 있다. 오염물질은 거름종이에 걸러지듯 진흙과 모래를 거치게 되고 미생물에 의해 흡수·분해되어 환경을 정화해 주는 역할을 하게 된다. 갯벌의 흙과 모래는 많은 양의 물을 흡수할 수 있어 홍수가 났을 때 물이 범람하는 것을 방지하고, 태풍이 불었을 때는 갯벌 습지의 식물이 바람의 힘을 흡수해 파도에 의한 피해를 줄여 주는 일종의 자연 방파제 역할을 하기도 한다.

갯벌의 가치를 금액으로 환산한다면 얼마나 될까? 그간 갯벌의 가치와 혜택을 과학적이고 체계적으로 계산하기에는 어려움을 겪어 왔는데, 최근 해양수산부 연구 결과 연간 17조 8,000억 원(2021년 기준, 다음 표 참조) 이상에 달한다는 발표가 흥미롭다. 해양수산부는 우리 갯벌의 가치를 널리 알리고, 갯벌 복원사업, 갯벌 식생 복원사업 등 갯벌 정책의 근거로 삼기 위해 한국해양수산개발원과 합동으로 2017년부터 갯벌 생태계서비스 가치평가를 위한 연구를 진행하였다. 이는 지난 2013년 조사 결과에 비해 약 15조 원이 늘어난 것으로, 탄소 흡수 등의 새로운 가치를 발굴하고 우리나라 서남해안 갯벌이 세계자연유산으로 지정됨에 따라 갖게 된 새로운 문화서비스 가치 등이 반영된 결과라고 한다. 다음 장의 표를 참조했을 때 놀라운 것은 갯벌에서 나오는 수산물·광물 자원과 생물 서식지 제공, 물질 순환 같은 갯벌의 공급·지원 생태서비스 가치는 제외되어 있다는 점이다. 때문에 갯벌의 가치는 현재 추산되는 가치 이상일 것이라 짐작할 수 있다. 지금까지의 가치만 따져도 갯벌 보전·복원의 필요성과 경제적 타당성은 충분히 확인된 셈이다.

갯벌 생태계서비스 가치평가 비교

	2013년	2021년	비교
조절서비스	2조 2,883억 원	16조 3,786억 원	
오염 정화		14조 원*	
재해 저감		2조 1,414억 원**	2013년 연구결과는 하위항목 구분 없음
탄소 흡수		120억 원	
문화서비스	6,218억 원	1조 4,335억 원	

* 2018년 기준 국내 하수도시설 유지 및 관리비용의 약 6.3배
** 방파제 건설 70km를 대체

갯벌의 생태서비스
- 인간이 생태계로부터 얻는 혜택으로 ① 조절서비스, ② 문화서비스, ③ 공급서비스,
  ④ 지원서비스로 구분
① 조절서비스: 오염 정화, 탄소흡수, 기후 조절, 재해방지 등
② 문화서비스: 생태 관광, 아름답고 쾌적한 경관, 휴양자원 등
③ 공급서비스: 수산물, 의약·화장품원료, 광물자원 등 생태계가 제공하는 유형적 생산물
④ 지원서비스: 서식지 제공, 물질 순환 등

간척지를 갯벌로 되돌린 네덜란드

국토의 3분의 1이 해수면보다 낮은 네덜란드는 간척사업이 발달한 나라이다. 북해 이젤만과 마르크만에 대제방을 쌓고 갯벌을 매립해 농경지, 공업용지를 확보하고 담수호를 만들었으나 호수가 오염되면서 생태계가 파괴되었고 간척지는 홍수와 흉년이 반복되었다. 환경영향평가에서도 농경지로 쓰는 것보다 자연습지로 활용하는 것이 생산성이 높다는 결론이 나오자 제방을 허물고 역간척 사업을 추진하였다. 흘러드는 강물을 퍼내지 않고 그냥 두어 간

척지 곳곳을 자연습지로 돌렸으며 이렇게 농지를 습지로 되돌린 곳이 약 20곳이나 된다.

지리적 특성상 네덜란드는 간척지를 개척하여 국토를 넓히고 경제활동의 터전으로 만들고자 했다. 그러나 오히려 간척사업으로 인한 생태계 파괴가 현실화되고 경제적 손실을 키운 경험을 하게 되면서 습지 복원 및 보전에 힘쓰고 있다.

갯벌을 국립공원으로 만든 독일 등의 선진국

유럽의 북해 남동부에 자리한 바덴해는 매년 수천만 마리 이상의 철새가 지나가는 곳으로서 세계에서 가장 넓고 훼손되지 않은 갯벌로 꼽힌다. 바덴해 역시 지난 50년간 매립과 개발로 몸살을 앓아 왔지만 갯벌의 소중한 가치를 인식한 선진국들은 갯벌을 국가 차원에서 보호 및 관리하고 있다. 독일은 잔점박이 바다표범, 쇠돌고래, 회색물범과 같은 해양 포유류를 포함해 수 많은 생물이 서식하고 있는 바덴해 전 지역의 갯벌을 국립공원으로 지정했다. 세계자연유산이기도 한 바덴해는 독일뿐만 아니라 덴마크의 '바덴해 해양보전지역', 네덜란드의 '바덴해 보호구역' 등 세 나라가 공동으로 바덴해 공동 관리 체계를 수립하여 갯벌 보호에 나서고 있다.

습지보호를 위한 람사르 협약

람사르 협약은 물새 서식 습지대를 국제적으로 보호하기 위해 1971년 이란의 람사르에 의해 채택되었다. 우리나라도 1997년 101번째로 람사르 협약 가입국이 되어 지구 차원의 습지 보전에 앞장서고 있다. 람사르 습지란 연안습지·내륙습지·인공습지로 나뉘며, 썰물 때 수심이 6m를 넘지 않는 바다 지역 등도 등록 대상이 된다.

연안습지로서 우리나라의 갯벌도 순천만·보성 갯벌, 무안 갯벌, 서천 갯벌, 고창·부안 갯벌, 신안 중도 갯벌, 인천 송도 갯벌, 안산 대부도 갯벌을 포함해 2023년 기준 우리나라의 24곳이 람사르 습지 목록에 등록되어 있다. 최근 생물다양성의 원천으로서 습지의 중요성이 더욱 부각되면서, 1990년에는 60개국에 불과했던 람사르 협약이 현재는 169개국이 가입한 세계적 주요 협약이 되었다.

5.
바닷물도 민물도 아닌 것이
'동해안의 보물'이라네

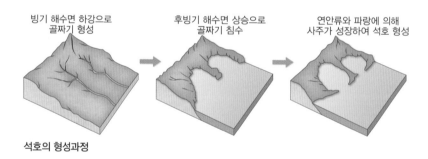

빙기 해수면 하강으로   후빙기 해수면 상승으로   연안류와 파랑에 의해
골짜기 형성   골짜기 침수   사주가 성장하여 석호 형성

석호의 형성과정

　석호(潟湖)는 바다와 민물이 섞인 자연 호수이다. 석호의 생성과정을 살펴보자면 해수면이 낮았던 빙기에 형성된 골짜기가 후빙기 해수면 상승으로 침수된다. 이후 파랑과 연안류에 의해 만(灣)의 입구에 모래톱(사주)이 발달하면서 해안에 있지만 바다와 구분된 호수가 만들어지게 된다.

　석호는 우리나라 동해안에만 112km에 걸쳐 경포호, 화진포호 등 18개의

동해안의 석호들

석호의 가치

역사·지리·학술적 가치	자연 역사의 기록지로서 중요한 의미 천연기념물을 포함한 많은 철새의 도래지이지 중간 기착지
기수호 생태계로서의 가치	담수생물과 해양생물 및 기수생물이 공존하는 독특한 자연 환경 생태계 생물종 다양성이 매우 높은 수변 습지 생태계
자연 호수로서의 가치	국내 유일한 자연 호수로서의 희소가치
문화·관광자원의 가치	수려한 경관은 심미적 휴식과 여가 공간으로서의 매력

강릉 경포호 위성사진

석호가 분포하고 있다. 바다였던 곳이 막혀 형성된 이곳은 현재는 하천의 물과 퇴적물의 영향을 받아 바닷물보다는 덜 짜고, 내륙의 일반 호수보다는 짠 특징을 보인다. 일 년에 몇 차례 거센 파도와 해일에 의해 바닷물이 호수로 들어오는 '갯터짐 현상'이 일어나면 숭어, 황어, 빙어, 전어 등 많은 어류가 산란과 먹이를 찾아오기도 하여 민물과 바다 생물이 같이 사는 곳이 되기도 한다. 이렇듯 중간 성격을 갖는 석호는 담수와 해수가 섞여 있고, 민물고기와 바닷물고기가 공존하는 희소가치가 높은 독특한 지형이다.

　석호는 풍경이 아름다워 관광지로 각광받는다. 그중 가장 유명한 강릉의 경포호는 관동별곡에도 등장했는데 송강 정철은 "십 리나 펼쳐진 흰 비단을 다리고 다시 다린 것같이 맑고 잔잔한 호수가 큰 소나무 숲속에 둘러 펼쳐졌

　애매모호해서 흥미진진한 지리 이야기

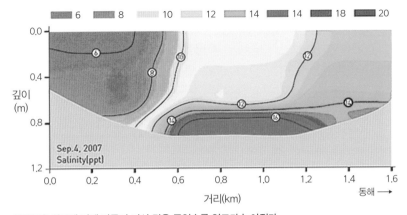

바닷물은 민물에 비해 비중이 커서 깊은 곳일수록 염도가 높아진다.
하천의 영향을 크게 받는 내륙쪽(왼편)이 동해바다쪽보다 낮은 염도를 보이고 있다(출처: 환경부).

으니, 물결이 잔잔하여 물속의 모래알까지도 헤아릴 수 있겠구나"라고 묘사하고 있다. 실제로 물이 깊을수록 밀도가 크기 때문에 호수의 물은 안정되며 1년 동안 정체상태에 있는 경우가 많아 물결이 잔잔하게 유지되는 편이다.

석호는 또한 큰고니, 검독수리, 황조롱이, 가시고기 등 멸종위기종 및 큰고니 등 천연기념물의 서식지로서 생태학적으로도 매우 중요하다. 이는 수위변동이 적고 경사가 완만해 호수 주변에 습지식생이 골고루 발달해 다양한 동물과 식물의 서식지 역할을 하고 있기 때문이다.

또한 염분농도에 따라 서식 생물들의 종류가 다양하게 분포하고, 석호 근처 습지에는 많은 철새가 날아와 먹이를 얻고 쉬어 가는 장소로서 일반 육상 및 수중 생태계보다 생산성이 높고 생물다양성도 큰 것으로 파악된다.

6.
이곳저곳 의외의 쓸모, 애매모호함

외교는 흑백논리가 아닌 회색지대가 많은 분야로 볼 수 있다. 외교는 서로의 이해관계가 복잡하고 각국의 문화, 역사, 정치 체제 등이 서로 다른 상황에서 이루어지기 때문에, 간단한 흑백논리로 문제를 해결할 수 없다. 만약 외교를 흑백논리로서 접근한다면 적과 아군만 있을 뿐이며 그 끝은 싸우는 전쟁이 될 것이다.

외교에서는 다양한 문제들이 발생하며, 이를 해결하기 위해서는 상황에 맞게 적절한 대응을 할 수 있어야 한다. 이때 상황에 따라 회색지대에서 타협을 찾거나, 새로운 방식으로 문제를 해결할 수도 있다. 따라서 외교에서는 상황 판단력, 협상 능력, 대처 능력만큼이나 유연성이 중요하게 여겨진다.

외교에서의 애매모호한 발언이나 행동은 상대방에게 융통성으로 보일 수 있다. 이는 타협의 여지가 있고 대화가 가능하다는 신호가 되며, 양측의 서로

애매모호해서 흥미진진한 지리 이야기

다른 요구사항을 조율하고 문제점을 해결하는 방식으로 활용될 수 있다. 또한 외교적인 대화나 협상은 대개 비밀스러운 내용을 다룰 수 있는데, 회색지대가 있다면 국제적인 안보나 이익을 위해 비공개적인 내용을 보호하는 데 중요한 역할을 할 수 있다. 즉 외교에는 명확하고 구체적인 것도 중요하지만, 상황에 따라서는 애매모호함을 잘 활용하는 편이 국익을 최대화하는 방법이 될 수 있다.

우유부단함으로 늦어지는 의사결정은 부정적으로 인식되기 쉽지만 최근 연구는 결론을 빨리 내리는 데 어려움을 겪는 것에도 나름대로 장점이 있다고 제시한다. 대상이나 현상에 대해 상반된 입장을 함께 고려하는 양면적인 태도는 편견이 없는 상태일 수 있으며, 문제를 지나치게 단순하게 생각하는 함정에서 벗어날 수 있다는 것이다. 또한 올바른 판단을 내릴 수 있을 만큼의 정보를 확인 검증하는 과정을 통해 우리가 흔히 범하는 인지적 오류로부터 우리를 보호할 수 있다(Jana-Maria, 2022). 다만 전문가들은 우유부단함의 정도가 지나칠 때만 문제가 된다고 말한다. 그야말로 적당한 애매모호함은 오히려 약이 될 수 있다는 희망적인 메시지다.

민주주의 사회에서도 모호성에 대한 관용은 필요하다. 다양한 의견을 존중하고 포용하는 문화를 지향하기 위해서는 가능한 한 많은 사람이 의사결정에 참여할 수 있도록 허용적인 환경을 제공하는 것이 중요하다. 다양한 의견과 관점을 수용하고 상호 간의 대화와 협력을 통해 창조적이고도 의미 있는 새로운 가치를 탄생시킬 수 있기 때문이다. 이는 민주주의 사회에서 평화를 유지하고 상호 이해를 바탕으로 한 진보와 발전을 이루는 데 큰 역할을 할 수 있다.

또한 민주주의 사회에서 개인은 자신의 비교적 좁은 사회적 환경을 벗어나

복합적인 공론장에 참여할 경우가 있다. 이 경우 '모호성에 대한 관용tolerance of ambiguity'의 능력을 발휘해야만 비로소 어떤 주어진 상황에 대해 건설적으로 대처하거나 생산적으로 해결할 수 있다는 경험을 하게 된다고 말한다. 차이와 다양성은 언제든지 불확실성과 불안정성을 수반할 수 있기 때문에, 그러한 것을 적절하게 견뎌 낼 수 있는 자질과 능력(즉 모호성에 대한 관용능력)이 필요하다. 이것이 부족할 경우 다른 관점과 세계관을 거부하는 '극단주의'에 빠질 우려가 있다.

이런 배경과 전제에서 출발할 때, 다중관점에 지향을 둔 세계시민교육의 핵심 과제는 민주적 스펙트럼의 내에서 혹은 자유민주적 기본질서에 위배되지 않는 범위 내에서 가능하면 관점의 다양성을 제한하지 말고 오히려 권장하는 데 있어야 한다(허영식, 2017).

세계시민에게 다양성을 권장하는 가장 효과적인 방법은 무엇일까? 그것은 예비 세계시민이 자라는 학교에서의 역할이 막중하다. 이를 위해서 다양한 배경과 경험을 가진 교사들로 구성된 인적 다양성 확보, 다양한 문화와 관습을 접할 수 있는 학교 교육과정 제공이 필요하다. 또한 학교 내에서 차별과 혐오를 금지하는 규정을 시행하고 다양성과 관련된 이슈에 대해 열린 대화가 가능한 학교 문화 형성, 성적 위주의 평가 방식을 넘어 학생 개인의 특기와 소질 등 다양한 학생 역량이 존중되고 진학 시스템에 반영돼야 한다. 이를 통해 예비 세계시민인 학생들은 다양한 관점에서의 지식과 경험을 얻을 수 있고 서로 다른 문화를 이해하고 존중하는 태도를 기를 수 있다. 나아가 세계적 문제에 대한 이해와 인식을 높여 해결책을 모색하고 행동할 줄 아는 바람직한 세계시민으로서 성장하는 데에도 중요한 역할을 할 것이다.

애매모호해서 흥미진진한 지리 이야기

7.
산도 좋고 바다도 좋은,
매력이 넘치는 동해안

　여행은 집에서부터 멀어질수록 제격이다. 우리는 낯선 곳에서 느끼는 미묘한 설렘과 평소 경험하지 못한 익숙지 않은 곳에서의 다소 불편함을 자처하며 여행을 시작한다. 안전하고 익숙한 곳에서 주는 안도감보다 아주 위험하지만 않다면 익숙지 않은 애매모호한 공간 또는 지역에서 그렇게 여행은 시작된다.

　동해안 여행지는 언제나 우리를 설레게 한다. 동해안을 끼고 있는 강원도는 제주도와 더불어 우리나라 대표 관광지이다. 특히 산과 바다가 공존하는 강릉과 속초는 강원 동해안 관광 1번지로 꼽히고 있다. 태백산맥을 넘어 파랗게 펼쳐지는 동해는 기다려왔던 낯섦이자 설렘이다. 이곳 강원도가 낯선 이유는 대한민국 인구의 97% 이상이 비(非)강원도에 거주하기 때문이고, 설레는 이유는 서해·남해와는 다른 동해가 주는 지리적인 매력 때문일 것이다.

동해안으로 넘어가는 길목인 강원도 대관령을 잠깐 이야기하자면 이렇다. 이곳은 예로부터 영서와 영동 지방을 이어 주고, 더 나아가 한양으로 갈 때 오르내리던 고개로 알려져 있다. 영서 지방과 영동 지방은 령(嶺)이라는 산줄기를 구분으로 하고 있는데 그곳은 태백산맥, 작게 보면 대관령을 기준으로 삼는다. 이렇듯 대관령은 엄밀히 말해 영서지방도 영동지방도 아닌 경계에 위치한 애매한 곳이다. 이곳의 한여름 평균 기온은 20℃가 채 안 되어 고랭지 채소가 재배 가능하며 남한에서는 가장 시원한 여름을 경험할 수 있고 기상 관측 사상 열대야가 단 한 번도 없었던 유일한 곳이기도 하다. 겨울에는 눈이 많이 내려 눈 축제를 비롯해 곳곳에 눈꽃마을이 펼쳐질 정도다. 설경을 바라보며 즐기는 대관령 겨울 여행 또한 눈부시도록 아름답다.

강원 동해안은 전체적으로 푸른 바다가 시원하고도 넓게 펼쳐져 있는 바다가 있고 태백산맥이 해안을 따라 나란하게 달리고 있어, 지척에 설악산, 오대산 같은 명산도 있는 점이 특징이다. 산과 바다를 모두 갖춘 동해안은 여행지로서 산이냐 바다를 놓고 고민에 빠질 수 있다. 산이 많은 강원도는 평지보다 선선한 여름을 맞이할 수 있고 여름철 동해안은 피서객으로 인산인해를 이룬다. 여름에만 그런 것이 아니라 겨울에도 겨울 강설량이 많은 영동 지방의 특성상 눈 덮인 산에 올라 사시사철 푸른 소나무, 짙고 푸른 동해, 구름 한 점 없는 한겨울 파란 하늘을 바라보다 보면 겨울 산의 매력이 넘쳐난다. 겨울 바다 치고 바람도 덜 불고 비교적 따뜻한 동해안 못지않은 겨울 산의 매력 때문에 행복한 고민이 필요한 것이다.

기후적으로 동해안의 경우 태백산맥이라는 지형과 난류의 영향을 받는 바다의 영향으로 한겨울 1월의 평균 기온이 0℃ 이상일 정도로 춥지 않고, 한여

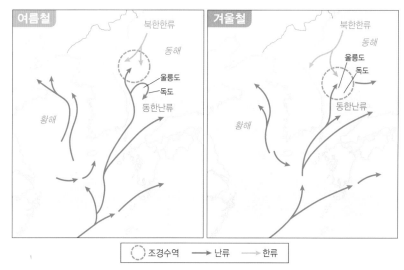

우리나라 주변 조경수역의 계절적 변화

름 8월의 평균 기온은 같은 위도의 내륙 지방이나 서해안보다 상대적으로 시원한 편이다. 아주 춥지 않은 애매한 겨울 날씨와 아주 덥지 않은 애매한 여름 날씨가 다른 지역과 차별화된 경쟁력으로 작용하고 있는 것이다.

또한 우리나라 동해에는 성질이 다른 한류(寒流)와 난류(暖流)가 만나서 '조경수역'을 이룬다. 세계적으로 유명한 어장들은 이와 같이 대규모의 조경수역에 형성된 경우가 많다. 세계 4대 어장 가운데 하나인 뉴펀들랜드 섬 근해도 래브라도 한류와 멕시코 난류가 만나 형성되는 조경수역에 해당한다.

두 해류의 성질 차이로 인해 경계부에서는 해류의 수직 순환 등의 상황들이 발생한다. 이 과정에서 바닷속 깊은 곳의 영양염류가 상승하고 산소와 플랑크톤의 수직적 순환이 활발해짐에 따라 어족 자원이 풍부한 바다 생태계가 만들어지는 것이다. 우리나라 조경수역에서도 한류성 어종인 명태, 대구, 청어 등과 난류성 어종인 멸치, 오징어, 꽁치, 정어리, 고등어 등이 모두 잡히는 황금 어장이 형성된다.

조경(潮境)이란 바닷물 흐름(해류)의 경계부라는 의미로 섞임이 일어나는 애매모호한 이 지역은 계절에 따라 위치가 달라지기까지 한다. 우리나라의 동해는 리만해류에서 분리된 북한한류와 구로시오해류에서 분리된 동한난류가 만나 조경수역을 형성한다. 한류와 난류가 만나는 조경수역의 위치는 난류가 강한 여름에는 북상하고 한류가 강한 겨울에는 남하하는데 북한 청진 ~남한 울릉도 사이에서 계절에 따라 이동한다.

최근 지구온난화의 영향으로 어종의 변화 등 기존의 조경수역에도 변화가 나타나는 것으로 보고되고 있다. 난류의 영향력이 상대적으로 커지면서 조경수역이 점차 북상하는 경향이 나타나는 것이다. 참고로 우리나라 서해의 경우 난류가 약하고 고위도에서 내려오는 한류도 없기 때문에 조경수역이 나타나지 않는다.

애매모호해서 흥미진진한 지리 이야기

제5화

애매모호함의 역할

1.
제국주의 국가 간의 완충지대, 와칸회랑

아프가니스탄 와칸회랑

　고대 실크로드의 일부분이자 마르코 폴로와 고승 혜초가 지나간 길, 아프가니스탄 북동쪽으로 손가락처럼 뻗어 나간 와칸회랑Wakhan Corridor이다. 회랑이란 건물의 복도처럼 길고 폭이 좁은 구역으로, 이런 곳은 보통 전략적 요충지에 해당되는 경우가 많아 그 주변에 긴장 혹은 분쟁 상태인 지역이 많다.

해당 길이는 350km, 폭은 16~22km에 이르며 북쪽으로는 타지키스탄, 동쪽으로는 중국 신장 웨이우얼, 남쪽으로는 파키스탄과 맞대고 있다. 19세기 제국주의 시대 러시아제국과 대영제국은 중앙아시아 아프가니스탄을 놓고 '그레이트 게임The Great Game'을 벌였다. 영국은 인도 이권의 사수를 위해, 러시아는 부동항을 얻기 위한 남하 정책상 아프간에서 패권 다툼이 불가피했다. 19세기 말 두 제국은 극동아시아에서 대치하면서 중앙아시아에 대한 관심이 낮아졌고 영토분쟁을 끝내기 위해 아프간을 중립화하기로 합의한다. 두 제국은 서로의 충돌을 막기 위해 와칸회랑(골짜기)을 사이에 두고 서로 물러서면서 이곳은 두 세력 간 직접적 대결을 피하고 긴장 완화를 위한 완충지대buffer zone로서 작동되기 시작한 것이다.

이곳의 길이와 폭은 미미해 보일 수 있으나 그 위치는 여전히 안보·경제 요충지로서 지정학적으로 중요한 역할을 하고 있다. 와칸회랑은 수년간 누구도 건드리지 않은 지역이었다. 아프가니스탄 측은 경제적 필요성과 탈레반과 싸우기 위한 대체 보급로 등을 이유로 와칸회랑의 국경을 중국에게 개방해 줄 것을 여러 차례 요청했지만 중국은 계속 거절하면서 국경수비를 오히려 강화하고 있다. 이렇게 중국이 일관되게 대응하는 가장 큰 배경은 중국 신장 웨이우얼 자치구 지역의 독립 불안 때문이다. 중국 신장에는 무슬림 웨이우얼족이 거주하고 있으며 이들은 탈레반과 같은 이슬람 수니파이다.

회랑은 또한 중국의 일대일로*(一帶一路, 육·해상 실크로드) 프로젝트의

---

* 일대일로란 중국 주도의 '신(新)실크로드 전략 구상'으로, 내륙과 해상의 실크로드경제벨트를 지칭한다. 35년간(2014~2049) 고대 동서양의 교통로인 현대판 실크로드를 다시 구축해, 중국과 주변 국가의 경제·무역 합작 확대의 길을 연다는 대규모 프로젝트다. 2013년 시진핑 주석의 제안으로 시작되어 2021년 기준 140여 개 국가 및 국제기구가 참여하고 있다. 내륙 3개, 해상 2개 등 총 5개의 노선

애매모호해서 흥미진진한 지리 이야기

중국 육상-해상 실크로드 '일대일로'

핵심인 중국-파키스탄 경제 회랑CPEC의 안보와 생존을 위한 중요한 위치에 있다. 앞서 호주 로위연구소Lowy Institute는 "파키스탄 과다르 항구는 CPEC의 시작을 나타내고, 와칸회랑의 끝은 중국 CPEC의 진입을 나타낸다"라고 평가하기도 했다.

2021년 미군의 아프간 철수를 틈타 무장단체 탈레반은 아프가니스탄을 장악하고 집권하고 있다. 중국은 탈레반으로부터 아프간 영토가 중국 공격의 집결지로 이용되지 않을 것이라는 약속을 얻었다고 했지만, 아프가니스탄 영토에 대한 중국의 지배력은 분명치 않은 상황이다. 와칸회랑은 신장에서 중국의 통치를 반대하는 웨이우얼족 무장세력이 사용해 온 전략적 지역이기도

으로 추진되고 있다(네이버 지식백과 '일대일로').

와칸회랑과 접하는 신장 웨이우얼 자치구(중국 서북쪽)는 중국 내 이슬람교 비율이 높은 지역이다.

하다. 신장 웨이우얼의 분리 독립을 위해 무장투쟁을 벌여 온 '동투르키스탄 이슬람 운동ETIM'과 같은 세력이 이 지역을 차지한다면 다른 웨이우얼 민족주의 봉기 가능성도 배제할 수 없는 상황이어서 향후 국제정치의 뇌관이 될 수도 있다(이솝, 2021). 대립하는 경계에서 전략적 완충지대의 애매모호한 균형이 깨지면 안 되는 이유이다.

애매모호해서 흥미진진한 지리 이야기

2.
완충지대가 흔들리자 전쟁이 일어났다고?

　미국을 위시한 서방 국가들과 EU의 군사적 동맹인 나토NATO(북대서양조약기구)는 소련 해체 후에도 지속해서 팽창해 러시아의 턱밑까지 겨누게 된다. 이른바 나토의 동진으로 서방 국가들과 러시아 사이의 군사적 긴장은 점차 고조됐으며, 이런 상황에서 마지막 남은 완충지대인 우크라이나는 나토 가입을 적극 추진했고, 러시아는 이를 명분으로 삼아 2022년 2월 우크라이나를 침공하기에 이른다.

　러시아의 서쪽은 독일까지 이어지는 북유럽평원이 자리 잡고 있다. 프랑스에서 우랄산맥까지 펼쳐진 거대한 평원에서 동진하는 미국·서유럽 세력과 러시아 사이에는 산맥이나, 큰 하천, 사막 등 지형적 장애물이 거의 없다. 러시아에게 우크라이나는 러시아와 서유럽 사이의 유일한 완충지대이자 최후 방어선이었던 셈이다.

우크라이나와 유럽

러시아의 적대세력은 우크라이나를 지나면 모스크바까지 한걸음에 들어올 수 있다. 실제로 우크라이나의 수도 키이우(키예프)*와 러시아의 수도 모스크바의 직선거리는 약 750km 내외이며, 우크라이나 최북단 기준으로는 약 500km 내외에 불과하다. 그런데 이토록 중요한 우크라이나가 러시아의 회유와 협박에도 불구하고 친서유럽 행보를 본격화한 것이 전쟁의 원인으로 꼽힌다.

러시아는 북극해와 태평양 말고는 영토 내에 이렇다 할 지형적 방벽이 없다. 역사상 몽골과 중동, 유럽에서 오는 침략 세력에 취약할 수밖에 없었다. 프린스턴대 역사학 교수인 스티븐 코트킨Stephen Kotkin은 이런 연유로 러시

---

* 키예프(Ки́ев)는 러시아식 표기이며, 키이우(Ки́їв)는 우크라이나식 표기이다.

애매모호해서 흥미진진한 지리 이야기

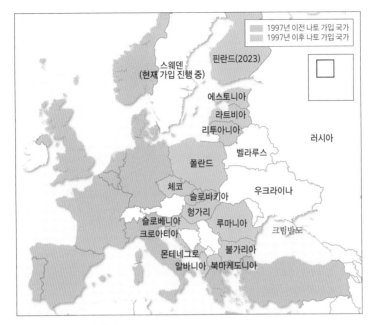

1997년 이후 나토의 확장

1997년 미국과 리시아는 나토의 신규회원국 가입을 인정하면서 러시아에 위협이 되지 않겠다는 '나토와 러시아 간 협력 및 안보에 관한 기본협정'을 체결했다. 러시아는 2014년에 크림반도를 합병했다. 이어서 핀란드가 2023년에 나토에 가입했고, 스웨덴은 2024년 초 회원국 비준 절차를 진행 중이다.

아의 지배층은 자연히 '방어적 공격성defensive aggressiveness'을 띠게 됐다고 밝혔다. 선제적 공격으로 영토를 더 확장해야 이전에 확보한 것을 안전히 지킬 수 있다는 생각이 지배하게 된 것이다. 이번 러시아의 비이성적인 우크라이나 침공 결정은 러시아 지배층 의식에 자리 잡은 지정학적 공포가 다시 한 번 작용했을 것이라고 추측하는 이유이기도 하다.

우크라이나의 내부 분열과 갈등은 전쟁을 불러일으킨 또 다른 원인으로 작동했다. 1991년 소련 붕괴 이후 독립한 우크라이나는 서부와 동부가 '한 나라

키이우□

ㅇ르비우

폴타바ㅇ

도네츠크ㅇ

러시아

■키이우

우크라이나

루마니아

크림반도

우크라이나 '친유럽-친러시아' 갈등

속의 두 나라'로 불릴 정도로 인종, 언어, 정치적 성향 및 경제적 상황이 매우 다른 특징을 갖고 있다.

'우크라이나 민족주의'를 자처하며 친서방-반러시아를 외쳐 온 정치인들에 대해 서부 지역 주민들은 환호하는 반면, 이전 러시아 땅이었던 동부 지역 주민들은 부정적인 입장을 취하면서 자연스럽게 우크라이나의 정치는 두 갈래로 나눠지게 된 것이다.

우크라이나의 동부는 서부에 비해 공업화가 잘 발달되어 소득 수준이 높은 것이 특징이다. 서부에는 우크라이나인이 많고 동부는 대부분 러시아인이 거주하고 있다.

구소련 시절부터 우크라이나 동부 지역에 산업 시설과 인구가 집중되어 서

애매모호해서 흥미진진한 지리 이야기

부는 소외되어 왔는데 이러한 산업시설의 편향이 지역 간의 불균형, 불평등, 차별 의식을 불러일으켰다. 또한 언어도 동남부는 러시아어를, 서부는 우크라이나어를 주로 사용하고 있다.

우크라이나 같은 지정학적 요충지는 양쪽의 거대 세력 사이에서 균형점을 찾아야 하는데 국내 여론이 갈리면서 분열 정치가 작동했다. 즉 일부는 '우리는 유럽이다'를 주장하고 또 다른 일부는 '우리는 러시아다'를 강조하면서 갈등했다. 국내 정치가 분열되다 보니 동쪽은 러시아가, 서쪽은 미국이 동원하는 식으로 개입할 여지가 생겼다. 러-우 전쟁이 일어날 빌미를 제공하고 러시아와 미국의 대리전 양상을 띄는 이유이다.

2022년 러시아-우크라이나 전쟁의 예고편이었던 크림반도 병합(2014년)으로부터 우크라이나는 교훈을 새겨야 했다. 2013년 유로마이단(우크라이나와 유럽연합과의 통합을 지지하는 우크라이나 시민 혁명) 이후 친러시아 정권이 퇴진하고, 친서방 정부가 들어섰다. 이에 위기를 느낀 러시아는 2014년 소치 동계올림픽이 끝나자마자 크림반도를 병합하고 영유권을 앗아 가면서 부동항을 확보한다. 그리고 러시아는 우크라이나 동부 공업지대의 중심부인 루간스크와 도네츠크에서 친러시아 봉기를 조장 내지는 준비하고 있었던 것이다.

양극단의 세력으로 나뉘어 국론이 분열되고 통합이 안 되는 상황은 호시탐탐 먹잇감을 노리는 주변 강대국들에게는 기회로 비춰질 수 있다. 강대국 사이에 끼인 우리나라가 이를 타산지석으로 삼고 통합의 정치로, 화합의 정치로, 통일의 정치로 나아가야 하는 필연적인 이유이다.

3.
균형과 다양성으로서의 애매모호함

애매모호함은 다양성을 확보하는 데 있어 필수요소라고 생각된다. 양극단에 치우치지 않는 애매모호한 중간은 전체 중에서 대부분을 차지하지만 늘 소외받고 천시받아 온 느낌이다. 심리학적으로도 인간은 불확실성, 그리고 자신의 삶에 대한 통제력이 부족하다는 느낌을 싫어한다고 한다. 그래서 경계를 짓고 편을 나누어 어딘가에 소속될 때 누리는 안정감과 만족감에 도취되어 다양성을 포기하고, 이분법적으로 구분되어야만 탁월한 것 같은 착각에 빠져 사는 경우도 더러 있는 것 같다. 하지만 중간이 없는 상태에서 좌우와 상하가 존재할 수 있을까? 좋고 나쁨은 시대와 상황을 초월하여 절대적일까? 혹 이러한 것들이 존재하더라도 개인 및 사회의 성장과 발전을 위해 다양성을 존중하고 균형 있는 시각을 갖는 것이 중요해 보인다.

애매모호한 색상이라는 것은 색상의 경계가 명확하지 않거나 정의하기 어

애매모호해서 흥미진진한 지리 이야기

려운 색상을 가리킨다. 일반적으로 대조적인 색상이나 선명한 색상이 시선을 끌 수 있지만, 애매모호한 색상은 눈에 부드럽게 다가와 시각적인 균형을 가져온다. 이러한 색상은 시각적인 조화를 이루고 안정감 있는 분위기를 제공하며 중립적이고 부드러운 감정을 전달하는 데 유리할 수 있다.

우리는 무지개를 빨주노초파남보 일곱 가지 색으로 구분하지만, 실제 무지개의 빛은 확연하게 구분되지 않는 경계선상의 아름답고 다양한 색이 공존하고 있다. 애매모호함을 인정할 때 7색으로 표현된 무지개가 아닌 있는 그대로의 무지개의 아름다움도 향유할 수 있는 것이다. 이렇듯 애매모호함에 대한 허용은 그 자체로서 균형을 이루는 데 일조하고, 다양성을 존중하고 지지하는 문화를 형성하는 데 도움을 줄 수 있다.

사실에 대한 정확한 정보를 제공하는 언론에서는 '균형'이 중요하다. 사실에 대한 정확한 정보를 제공해야 하는 언론이 한쪽에 치우치거나 특정 그룹에 대한 편견이나 차별적인 시각을 보도하는 경우 사실에 대한 왜곡이 발생할 수 있기 때문이다. 이는 언론의 공정성과 신뢰성에도 영향을 미칠 수 있는 문제이다.

또한 언론은 다양한 사회현상의 이해를 돕고 다른 시각에 대한 이해와 존중을 높이기 위해서 '다양성'을 갖출 필요가 있다. 다양한 성향, 연령, 계층, 지역, 분야 등을 반영하고 사회의 다양한 현상을 종합적으로 파악할 수 있는 기회를 제공해야 한다. 이를 바탕으로 대중들은 문제를 보다 정확하게 이해하고 다양한 시각과 의견을 고려한 판단을 내릴 수 있기 때문이다. 나아가 포용성과 다양성을 높여 사회적 갈등을 예방하고 해소할 수 있는 기반이 되기도 한다.

논문 '공영방송 뉴스의 불편부당성(不偏不黨性) 연구: BBC와 KBS의 선거보도를 중심으로'로 언론학 박사를 취득한 박성호 MBC 해임 기자의 말을 인용해 본다(이영광, 2017).

우리나라에서는 '여(與)'를 한 건 다루면 '야(野)'도 한 건 다루는 식으로 '기계적 중립'을 추구한다. 이는 한국 방송 풍토에서 여야 어느 쪽으로도 책잡히지 않겠다는 방어적인 전략이다. 이것은 언론의 기능을 저울로 국한한 것이며, 형식적 기계적 저울 기능만 다 하면 충분하다는 식으로 공정성을 수단화시켜서 저차원적인 것으로 한정하고 있다고 말한다.

하지만 영국에서 말하는 불편부당성의 폭은 상당히 크다. 기계적 중립과 수학적 균형이 시민들의 판단을 흐리게 하거나 장애가 될 수 있다면 옳지 않다고 오래전부터 얘기해 왔다. 주제나 사안에 대한 관심 그리고 시청자들의 기대치 등을 감안해서 균형을 맞춰야 하며, 그냥 자로 잰 듯한 5:5 형식논리에 갇혀서는 안 된다. 그리고 보완하는 요소로 다양성을 강조한다. 균형은 양자 간 균형을 말하는 것이지만 다양성은 세상의 갈등 이슈가 A와 B라는 당사자, 찬성과 반대, 진보와 보수에 국한돼 있지는 않기 때문이다.

시소에서 수레바퀴로 패러다임 변화

애매모호해서 흥미진진한 지리 이야기

BBC에서 흔히 쓰는 비유로 '시소에서 수레바퀴로 패러다임이 바뀌었다'라고 말한다. 수레바퀴의 바큇살처럼 360°로 이해관계가 펴져 있기 때문에 뉴스는 다양한 관점을 드러내야 한다고 주장한다. 그러기 위해서는 평소 뉴스에서 배제된 다양한 지역, 성향, 연령, 계층의 시민이 뉴스에 더 많이 드러나고 그들의 목소리가 폭넓게 반영되어야 할 것이다. 실제 그의 논문에 따르면 BBC는 KBS에 비해 시민 취재원이 15배 많았고, 삶의 다양한 공간에서 자신들의 목소리를 내는 적극적인 참여자로서 등장하고 있었다.

미국의 사회학자 허버트 갠스Herbert J. Gans는 뉴스에 등장하는 사람을 크게 알려진 사람Knowns과 알려지지 않은 사람Unknowns으로 구분한다. 알려진 사람으로서 엘리트층이나 정치인들이 지배하는 뉴스를 지양하고, '알려지지 않은 사람들에게도 다양한 재현과 참여의 기회를 줄 수 있는 다관점 뉴스로 가야 한다'라는 기자의 제안을 곰곰이 생각해 볼 필요가 있다. 시민이 중요하고 시민이 참여하며 시민이 주인공인 뉴스가 되기 위해 이러한 시도와 실행이 절실히 필요하다.

NEWS라는 어원을 살펴보자면 North, East, West, South에서 들려오는 새로운 소식을 의미한다. 세상에 존재하는 다양한 사람들의 삶의 모습과 곳곳의 이야기를 전하려는 뉴스다움은 보도의 균형과 다양성을 전제로 더욱 빛날 것이다.

4.
과거를 품은 빙하와 만년설, 영구동토층

　시간을 초월한 지구의 비밀이 숨겨져 있는 곳, 바로 지구상의 얼음이다. 자연의 얼음을 살펴보면 그 속엔 과거의 흔적이 숨겨져 있다. 일종의 타임캡슐 같은 지구상의 얼음은 자연이 어떻게 지내 왔는지 엿볼 수 있는 실마리를 제공하면서도 현재의 기록이 날마다 더해지고 있는 곳이다.

　과거로부터 현재까지의 특정할 수 없는 시간의 흔적이 쌓인 물질이면서도, 계절·기후·지역 등의 다양한 요인에 따라 후퇴(축소)·확장(확대)하면서 공간적으로 변화하는 자연 상태의 얼음은 이렇듯 애매모호한 물질이자 공간으로 해석할 수 있다.

　또한 얼음은 물의 고체 상태이지만 여러 가지 다양한 형태와 특성을 가지며, 여러 가지 요인들에 영향을 받기 때문에 본래 애매모호한 물질이다. 일례로 얼음의 결정 구조는 온도, 압력, 결정 성장 과정 등에 따라 다르며, 이는 얼

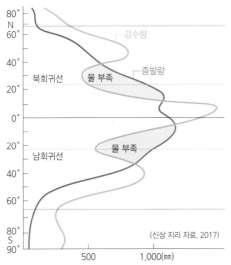

연 강수량과 연 증발량

음의 물리적 특성을 결정하기도 한다.

　현재의 북극권·남극권 중심으로 분포하는 영구동토층, 고산 지방의 만년설, 극지방 빙하*의 경우 과거로부터 겹겹이 쌓여 만들어진 눈 또는 얼음이다. 실제로 고위도 한대기후의 연 강수량은 건조기후(사막 또는 스텝)보다도 강수량이 적다. 그런데 이곳은 기온이 워낙 낮아 연 증발량이 연 강수량보다 적어 건조기후로 분류되지는 않는다. 다시 말해 강수량은 극히 소량이지만 없어지는 양보다는 많아 건조기후보다는 유효 수분이 많은 셈이다. 이렇듯 겨울철 내리는 눈이 여름철 녹는 눈의 양보다 많으면 누적되어 쌓이는데,

---

* 눈이 오랫동안 쌓여 다져져 육지의 일부를 덮고 있는 얼음층을 말한다. 빙하는 계곡을 따라 천천히 흐르는 곡빙하(valley glacier)와 극지방의 넓은 면적을 덮으면서 그 넓이가 5만km²가 넘는 빙상(ice sheet) 등을 포함하는 개념이다.

장보고기지에서의 빙하 시추 장면(출처: 한국극지연구진흥회)

쌓이는 양이 엄청나기에 쌓인 눈의 하단부는 압력을 받아 얼음으로 재결정 작용을 받게 된다. 과거의 흔적들이 얼음 속에 차곡차곡 쌓이게 되는 것이다. 이런 특성으로 빙하를 자세히 살펴보면 하얀 얼음 속에 공기 방울이 있는데 이는 과거 대기 환경에서의 공기가 그대로 보존되어 있어 이를 분석하면 과거의 이산화탄소 농도를 분석할 수 있다. 현재 남극 대륙의 빙하 코어로 80만 년 전까지의 데이터를 복원하였는데 이를 통해 현재 기후를 진단하고 미래 기후를 예측하는 도구로 삼고 있다.

사라지는 빙하의 위기와 해수면 상승

하지만 지구온난화로 인하여 이러한 얼음이 줄어들고 급기야 사라진다면 인류에게는 어떤 일이 나타날까?

빙하는 지표에 도달한 햇빛의 90%를 반사해 우주로 다시 내보내고, 바다

애매모호해서 흥미진진한 지리 이야기

그린란드 일루리사트 지역의 빙하 모습
2020년 미국 알래스카대의 연구 결과에 따르면, 이 빙하는 바다로 떨어져 계속 사라지고 있다(출처: 알래스카대).

는 반대로 햇빛의 90%를 흡수한다. 극지방 빙하가 사라지면 햇빛을 더 많이 흡수해 지구 스스로 온난화를 가속화하는 악순환이 초래될 수 있다.

빙하는 전체 민물의 75%를 구성하며, 차지하는 면적은 지구 육지의 10%로 대부분 그린란드와 남극 대륙에 넓은 빙상으로 존재한다. 만약 지구상에 있는 빙하가 모두 녹는다면 해수면이 약 60m 정도 상승할 것으로 예측하고 있다. 100m 두께의 얼음이 만들어지는 데는 약 1,000년이 걸리지만, 지구온난화의 가속화로 얼음이 녹는 기간은 상상을 초월할 정도로 빠르다.

독일 알프레드 베게너 연구소Alfred Wegener Institute의 잉고 사스겐Ingo Sasgen 연구팀은 2019년 그린란드의 빙상 유실률이 역대 최고 기록을 경신했다는 사실을 국제학술지 '지구환경 커뮤니케이션'에 발표했다(엘 고어의 기후 프로젝트, 2021). 이들은 2003~2019년 그린란드 빙상 유실을 측정한 결과 빙하는 매년 녹아 줄어들었으며 특히 2019년 한 해 동안 5,320억t의 빙상이 녹아 역대 가장 많은 유실량을 기록했다고 밝혔다.

북극권 바다 위에 떠 있는 빙하인 해빙 역시 위기다. 독일과 미국 연구자로 이뤄진 '해빙모델 상호비교 프로젝트' 팀이 2020년 발표한 논문에 따르면 온실가스를 크게 줄여 지구 평균 기온 상승을 2℃ 이내로 막더라도 2050년 이전에 북극권 여름의 해빙은 현재의 4분의 1 이하로 줄어들어 소멸할 것으로 예측됐다. 이는 한반도의 15~20배에 해당하는 넓이다. 2020년 영국 남극조사소 연구팀 역시 북극권의 해빙이 2035~2086년 사이에 모두 녹아 사라질 것이라는 연구 결과를 『네이처 기후변화』에 발표하기도 하였다.

왕쟈오 그린피스 홍콩 지리정보시스템GIS 전문가는 2050년 저지대 해안 지역에 거주하는 인구는 10억 명에 달할 것으로 추정한다. 비정상적인 기상 현상이 잦아지면서 저지대 주민의 홍수 피해 역시 늘어날 것이라고 한다. 특정 지역에서 태풍과 해수면 상승이 결합해 100년에 한 번꼴로 발생하던 폭풍 해일이 2050년에는 매년 발생하게 될 수도 있다고 덧붙였다.

한반도 또한 대홍수로 3백만 명 이상이 침수 피해를 입을 것이라는 분석 결과가 공개됐다. 국제 환경단체 그린피스 서울사무소는 지구온난화에 따른 이상기후 및 해수면 상승으로 2030년 국토의 5% 이상이 물에 잠기고, 332만 명이 직접적인 침수 피해를 입을 수 있다고 발표했다. 피해 지역으로는 국내 인구의 절반 이상이 거주하고 있는 수도권 지역에 피해가 집중될 것으로 예상하고 있다.

같은 발표에서는 2030년 해수면 상승 및 태풍으로 인천공항이 완전히 침수될 수 있다는 시뮬레이션 결과도 나왔다. 침수 지역에는 인천공항 및 김포공항을 비롯하여 주요 도로 및 항만, 화력·원자력 발전소와 같은 국가 기간 시

애매모호해서 흥미진진한 지리 이야기

설과 정유 및 제철소 등 주요 산업시설이 포함됐다. 지구온난화로 해안과 하천의 홍수가 잦아지면서 수조 원의 국가 기간 시설의 기능이 마비되고 이에 따른 사회적·경제적 손실 비용이 천문학적으로 늘어날 수 있다.

한반도의 부산과 제주도에서 아예 겨울이 사라질 것이란 전망도 나왔다. 최영은 건국대 지리학 교수는 온실가스 배출 저감 노력을 아예 하지 않는 '무기후정책 시나리오*' 상황으로 보면, 2100년 한반도의 부산과 제주도에서 아

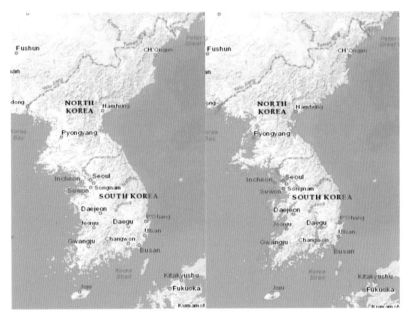

해수면 상승 시뮬레이션
(좌) 현재의 해안선, (우) 해수면이 60m 상승했을 때 국토 모습이다.

---

* 기후변화에 관한 정부간 협의체(IPCC)는 전 세계 기후 전문가들이 참여한 유엔 전문기구이다. 기후변화 시나리오는 인간활동 등 각종 변수를 고려한 미래 기후 전망으로, 인류의 온실가스 배출 저감 노력의 정도에 따라 크게 4~5가지로 경로가 나뉜다.

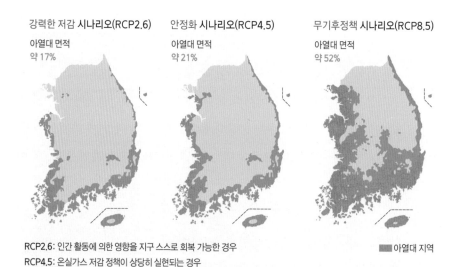

강력한 저감 시나리오(RCP2.6)
아열대 면적
약 17%

안정화 시나리오(RCP4.5)
아열대 면적
약 21%

무기후정책 시나리오(RCP8.5)
아열대 면적
약 52%

RCP2.6: 인간 활동에 의한 영향을 지구 스스로 회복 가능한 경우
RCP4.5: 온실가스 저감 정책이 상당히 실현되는 경우
RCP8.5: 현재 추세(저감없이)로 온실가스가 배출되는 경우

■■■ 아열대 지역

정부 간 협의체(IPCC)의 기존 기후변화 시나리오(RCP)에 따른 2100년 한반도 아열대 면적 전망
(출처: 기상청)

예 겨울이 사라진다고 예측했다. 여름이 길어지고 겨울이 짧아지면서 현재 국토의 10% 미만을 차지하는 아열대기후가 50%로 늘어나고, 이에 따라 태백·소백산맥 내륙산간을 제외한 지역이 모두 아열대기후로 변하는 것이다.

이렇듯 빙하가 녹으면서 해수면이 상승해 해안에 있는 삶의 터전이 수십 년에 걸쳐 사라질 뿐만 아니라 기후변화로 인해 가뭄, 폭우, 폭염, 슈퍼 태풍, 폭설 등 극단적 기상이 빈발하면서 인류의 삶 전반이 위협받을 수 있다는 게 공통된 우려로 지목된다.

애매모호해서 흥미진진한 지리 이야기

기후변화 가속화의 가장 큰 '뇌관' 영구동토층도 녹고 있다

영구동토층은 대기보다 두 배가량 많은 온실가스를 저장하고 있는 '냉동보관소'이다. 지구온난화로 인하여 시베리아 남부와 북유럽의 경우 지표면의 연평균 기온이 영상을 기록하면서 영구동토층(여름에도 녹지 않고 2년 이상 계절과 상관없이 얼어 있는 땅)의 감소가 두드러지고 있다.

2020년 유럽우주국ESA이 위성 영상을 이용해 2003~2017년 북극권 전역의 영구동토층 변화를 관측한 결과 역시 시베리아와 알래스카, 스칸디나비아반도 북부, 캐나다 북부의 영구동토층이 크게 줄었다.

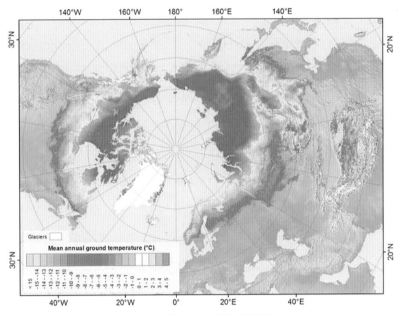

2000~2016년 북반구 영구동토층의 지상 기온을 색으로 표현했다.
노란색~빨간색이 영상의 기온을 보이는 곳으로 북유럽 북부, 시베리아 남부, 캐나다 북부 등에서 영상의 기온을 보이고 있다(출처: 오슬로대).

세계빙하감시기구WGMS에 따르면 세계적으로 빙하가 녹아내리는 비율은 최근 5년간 두 배 가까이 늘었다고 한다. 또 2020년 독일 알프레드 베게너 극지해양연구소AWI의 보리스 비스카본 연구팀이 2007년부터 2016년까지 전 세계 영구동토층 154곳의 땅속 온도 변화를 분석한 결과 평균 0.29℃ 따뜻해진 것으로 나타났는데 온도가 크게 높아진 곳은 1℃ 가까이 올라가기도 했다. 특히 지난 10년 동안 북극의 온난화는 지구의 다른 지역들보다 4배나 더 빨리 진행된 점은 우려스러운 부분이다.

영구동토층의 균열이 지속되면 내부에 매장돼 있던 수천억 t에서 최대 1조 6000억t으로 추정되는 이산화탄소와 메탄가스가 대기로 방출된다. 이는 현재 대기 중에 포함된 탄소량의 두 배 가까운 양이어서 이들이 급격히 방출될 경우 기후변화는 걷잡을 수 없이 가속될 것으로 보인다. 지구온난화가 초래한 영구동토층의 융해가 상상 초월의 온실가스의 방출을 증가시켜 지구온난화를 심화시키는 촉매 역할을 하고 있는 셈이다.

그뿐 아니라 영구동토층이 녹으면서 얼음 속에 갇혀 있던 치명적인 고대 바이러스와 박테리아가 지표로 방출될 수 있다는 경고도 나왔다(김형자, 2021). 2020년 중국과 미국의 공동 연구팀은 티베트 굴리야 빙하의 영구동토층을 굴착해 1만 5000년 전에 형성된 것으로 보이는 바이러스 샘플을 살펴보니, 우리가 알고 있는 4종의 바이러스와 처음 보는 28종의 새로운 바이러스가 들어 있었다. 이 바이러스들은 빙하기 때 만년설에 갇혀 버린 것으로 추정된다. 바이러스의 경우 최장 10만 년까지 무생물 상태로 빙하 속에서 동면이 가능하며 기온이 따뜻해지면 활동을 재개할 수 있다고 한다. 2015년에는 프랑스 국립과학연구센터 연구팀이 시베리아 영구동토층에서 잠자던 3만 년

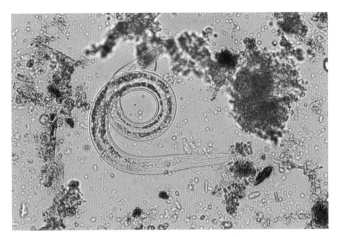
냉동 상태로 발견된 선충이 잠에서 깨어나 움직이는 모습

전 바이러스를 발견하기도 했다.

기후변화로 인하여 이처럼 봉인되었던 병원체나 바이러스들이 다시 살아나면 현대 인류에 많은 영향을 미칠 것으로 예상된다. 동물과 인간의 접촉을 통해 극지방의 전혀 새로운 병원균이 우리의 환경으로 유입되거나 구석기 시대의 유기체가 깨어나 인간에게 새로운 위협을 가할지도 모른다. 과학자들은 영구동토층이 녹으면서 고대 바이러스 혹은 변종 바이러스가 출현하면 면역력이 없는 인류에게는 새로운 팬데믹 가능성이 있다고 예측한다.

지리학자 제레드 다이아몬드Jared Mason Diamond가 쓴 『총, 균, 쇠』에서도 유럽인들이 남미에 상륙한 뒤 원주민들을 전멸시킨 무기는 총과 칼이 아닌 천연두, 장티푸스, 홍역 등의 '균'이었다고 말한다. 지리적·환경적 요인 덕택에 유럽인들은 수만 년 동안 병원균을 보유한 13종의 포유류와 함께 항체를 형성하며 살았다. 동물 가축화 초기에는 병원균에 희생되기도 했지만, 면역

성과 저항력을 키워 가며 공존할 수 있었다. 반면 남아메리카에는 알파카와 라마 외 가축화할 동물이 없었다. 유럽인들이 보유한 병원균에 노출된 적이 없던 남미 인디언들은 유럽인들을 만나면서 유행병이 돌았고 95%가 몰살에 가까운 죽음에 이른 것이다.

2016년 여름, 러시아 시베리아 서부 극지방인 야말로네네츠 자치구 지역에서 탄저병이 발생해 주민들이 공포에 떨었던 일도 그러한 사례 중 하나다. 시베리아 영구동토층이 녹으면서 약 75년 전 탄저병으로 죽은 순록 한 마리의 사체가 분해돼 몸속에 갇혀 있던 탄저균이 나와 순록 2,300마리가 감염되어 죽었고, 러시아 당국은 인간 감염을 우려해 순록 20만 마리 이상을 도살시켰다. 한편 탄저균에 감염된 사슴 고기를 먹은 12살 목동이 사망했고, 유목민 72명이 탄저균에 감염돼 병원에 입원하였다.

영구동토층이 계속 녹아내린다면 이와 같은 일은 언제든지 일어날 수 있기에 국제 사회는 미생물과 바이러스를 감시하고 대비하는 대책을 세워야 한

2016 시베리아 탄저균 발생

애매모호해서 흥미진진한 지리 이야기

다. 2016년 시베리아 순록의 죽음이 인류에게 던지는 메시지는 비단 그 지역에 국한된 문제가 아닌 인류 전체에게 닥칠 위기에 대한 경종일 수 있다.

5.
애매모호해서 오히려 평화로운 대륙, 남극

남극

애매모호해서 흥미진진한 지리 이야기

지구상에서 아직 유일하게 주인이 없는 대륙이 있다. 이 대륙의 면적은 한 반도의 약 60배인 1,350만 km²이고, 지구상 육지 표면적의 약 10%에 달할 정도로 거대하다. 전 세계 담수의 70%, 전 세계 얼음의 90%가 이곳에 있다. 얼음의 땅으로 불리는 제7의 미지의 대륙, 남극을 표현하는 수식어다.

남극은 가장 따뜻한 월(月)의 평균 기온이 10℃ 미만인 한대기후로서 인간 이 거주하기에는 극한의 환경이다. 남극에서 지금까지 기록된 가장 낮은 기 온은 영하 89.2℃로 러시아 보스토크Vostok기지에서 1983년 7월 21일 측정되 었다. 남극 대륙 전체의 평균 기온은 영하 34℃로 알려져 있다. 이는 바닷물 이 얼어서 만들어진 해빙이 있는 북극과 달리 남극은 강수량이 현재 건조기 후(연강수량 500mm 미만)보다 작지만 과거 기후환경에서 내리고 쌓인 눈과 얼음으로 이루어진 특성 때문이다. 한마디로 북극은 바다지만, 남극은 (얼음) 대륙인 셈이다. 또한 남극 대륙을 덮고 있는 얼음은 햇빛을 반사하지만, 북극 의 바다는 열을 흡수하고 저장하는 역할을 하고 있어 북극보다 남극이 더 추 운 곳이다.

남극 대륙의 98%가 얼음으로 덮여 있으며, 얼음의 평균 두께는 2,160m로 알려져 있고, 얼음이 가장 두꺼운 곳은 거의 4,800m에 이르기도 한다. 남극 의 평균 해발고도는 2,500m로 일곱 대륙 가운데 가장 높으며 두 번째로 높은 아시아 대륙의 평균이 약 800m이니 거대한 얼음 대륙이라고 봐도 과언은 아 니다.

그런데 사실 남극의 영역을 어떻게 정의할 것인지에 대해서도 의견이 분분 하다. 남극 대륙과 그 주변 섬만을 남극이라 하기도 하고, 남극 유빙의 한계 선인 남위 45° 이하의 지역을 남극이라 부르기도 한다. 한편 1959년에 체결

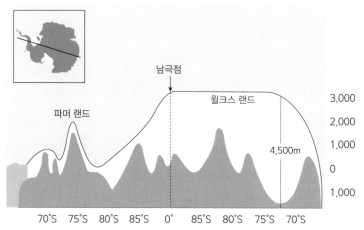

남극 빙하의 종단도

대륙의 상당 부분은 해수면 아래에 있다. 즉 수중 암초 위에 약 2~3km의 두께로 얼은 만년 빙산(Ice Cap)으로 형성되어 있으며, 이것은 전 세계 얼음의 90% 정도에 해당한다(윤경철, 2017).

된 남극조약Antarctic Treaty은 그 적용 대상을 남위 60° 이남 지역으로 규정하고 있다.

남극은 새롭고 신비한 곳으로 과학자들에게는 너무나도 매력적인 호기심을 자극한다. 남극의 대기와 하늘, 지리, 바다와 생물, 얼음과 지질을 포함한 모든 자연 현상이 연구 대상이며, 남극에서 일어나는 물질의 변화도 연구 대상이다. 나아가 인간의 정신과 육체가 남극에서 보이는 반응과 변화도 주요한 연구 대상이다(네이버 지식백과 '남극'). 남극 최초의 기지는 1953년 아르헨티나가 설립한 쥬바니Jubany 기지이며, 현재 남극에는 우리나라를 포함한 총 29개 국가들이 80개가 넘는 연구기지를 설치하여 남극 연구활동을 수행 중이다.

남극이 갖는 중요성은 과학적 연구 측면 이외에도, '크릴'로 대표되는 남빙

애매모호해서 흥미진진한 지리 이야기

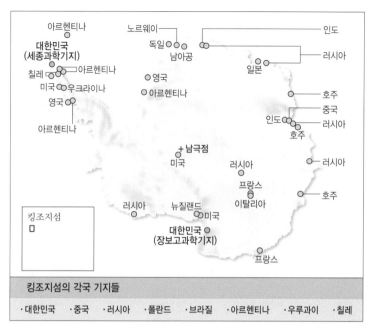

아르헨티나	노르웨이		인도
대한민국 (세종과학기지)	독일 ○○○		러시아
칠레 ━ ○━아르헨티나	남아공		
미국 ○○우크라이나	영국	일본	
영국	아르헨티나		호주
아르헨티나		인도	중국
		호주	러시아
	+ 남극점 미국	러시아	러시아
		프랑스 이탈리아	호주
러시아	뉴질랜드 ○ ○미국		
킹조지섬 □	대한민국 (장보고과학기지)		
	프랑스		

킹조지섬의 각국 기지들

·대한민국　·중국　·러시아　·폴란드　·브라질　·아르헨티나　·우루과이　·칠레

세계 각국의 남극기지들

양 수산자원, 가채연수 100년으로 추정되는 석유와 천연가스, 철, 구리, 니켈, 금 등의 금속광물 같은 남극 대륙과 그 주변 해역에 있을 것으로 예상되는 각종 천연자원으로 인해 남극에 대한 세계 각국의 관심은 점점 높아지고 있다(외교부 누리집).

하지만 이곳의 매력과 가치 때문에 세계에서 가장 추운 곳이지만 가장 뜨거운 곳이 될 뻔하였다. 남극을 차지하고 싶은 나라 간에 분쟁이 생길 가능성은 충분했는데 다행히도 미국 주도로 만들어지고 1961년 발효된 '남극조약'으로 인하여 함부로 영유권을 주장하는 것이 어렵게 되었다. 이 조약은 남극 대륙의 평화적 이용과 남극 탐사 자유의 보장을 주목적으로 한다. 특히 군사

행동을 억제하고 영유권에 관한 문제 해결을 유예해 남극 대륙이 국제 분쟁의 무대가 되는 것을 막고 있는 셈이다.

이렇듯 남극조약에서는 남극을 과학연구를 위한 평화로운 곳으로 규정하고 향후 새로운 영유권을 주장하지 못하게 되어 있다. 하지만 조약문을 보면 조약 발효 이후 영유권의 확대나 신규 선포는 금지되지만, 조약 발효 전에 선포된 영유권을 포기하는 것은 아니라는 조항이 걸리는 부분이다. 실제로 호주, 칠레, 프랑스, 노르웨이, 뉴질랜드, 아르헨티나, 영국 등은 조약 가입 전 미리 남극에 영유권을 주장해 둔 상태라서 국가 간 해석과 자국의 이익을 위해 언제든지 생길 수 있는 갈등과 분쟁의 씨앗은 내포하고 있는 듯 보인다.

남극에서 가장 고도가 높고 추운 곳에 과학기지를 운영하려는 중국, 공항·호텔·상점·은행까지 갖춘 남극 최대 기지인 맥머도McMurdo기지를 보유하고 중국의 과학기지를 견제 중인 미국, 남극 영유권에 목소리를 높이고자 1982년 남극 주변 해역의 포클랜드 전쟁Falklands War도 마다하지 않은 영국, 영토권 주장을 위해 남극에서 자국민이 아기를 출산하게 하기도 한 아르헨티나, 지금도 남극을 자기네 영토로 간주하고 1년에 한 차례씩 대통령과 장관들이 가서 회의를 개최하며 남극에서 유일하게 초등학교를 운영하고 있기도 한 칠레의 모습은 남극 점유율을 높이려는 국가들의 보이지 않는 신경전이 이미 진행 중임을 보여 주는 사례가 아닐까.

다행히 지하자원도 남극조약협의당사국회의Antarctic Treaty Consultative Meeting, ATCM*의 결정에 따라 2048년까지 개발이 금지되어 있다. 이렇듯 강

---

* 남극에 대한 권리는 모든 나라에 있지 않다. 남극조약에 가입하고 남극조약협의당사국이 되어야 남극에 관한 의견을 개진할 수 있고 결정권을 행사할 수 있다. 남극조약협의당사국 지위는 남극 연구를 실

애매모호해서 흥미진진한 지리 이야기

대국의 각축장이 될 뻔한 남극은 남극조약과 남극조약협의당사국회의를 통해 2048년까지 완전하지는 않지만 갈등의 불씨가 타오르지 않도록 보류되고 있다. 주인 없는 애매모호한 지역으로 2048년까지 평화적으로 남아 있는 편이, 지금 주인을 정하느라 영유권을 나누는 과정에서 발생할 국제 분쟁보다는 나아 보인다.

또한 영구적으로 남극의 영유권 주장을 제한하기 위해 UN해양법협약상의 심해저와 같이 '인류공동의 유산Common Heritage of Mankind'으로 규정하여 UN을 통한 국제관리하에 두자는 주장도 있다. 해양법 질서는 과거 국가 이익에 따라 일방적 폐쇄와 자유를 주장했던 방식에서 국제 사회가 공동으로 관리해야 한다는 방식으로 패러다임이 변화했다. 기후위기와 환경위협에 따라 미래의 해양 문제도 인류 공동의 이익을 추구하는 방향으로 강화되어야 할 것이다.

우리나라는 남극기지의 설치 운용 및 남극과 관련된 일련의 과학적 연구 성과를 바탕으로 지난 1989년 세계에서 제23번째로 '남극조약협의당사국' 지위Antarctic Treaty Consultative Party를 획득하여 남극의 운영에 있어서 직접적인 발언권을 행사하고 있다. 1995년 서울에서 제19차 남극조약협의당사국회의Antarctic Treaty Consultative Meeting를 성공적으로 개최하여 국제 사회에서의 남극 운영과 관련하여 우리의 위상을 높이기도 하였다. 우리나라는 남극조약협의당사국회의, 남극해양생물자원보존위원회 등 남극 관련 회의에 지

제로 수행하는 국가에 한해 자격을 부여하며, 남극조약협의당사국 회의에서의 결정은 당사국 전원이 찬성해야 가결된다는 점에서 특이하다. 2023년 기준 우리나라를 비롯한 54개국이 남극조약에 가입되었으며, 이 중 29개국이 남극조약협의당사국이다.

남극 대륙 남극반도 킹조지섬에 위치한 세종과학기지(상)와 장보고과학기지(하)(출처: 외교부)

속적으로 참석하는 등 남극조약체제 운영에 적극적으로 참여하고 있다.

우리나라는 1988년 2월 17일 서남극의 킹조지 섬King George Island에 상주 과학기지인 세종기지를 건설함으로써 본격적인 남극연구를 시작하였다. 우

애매모호해서 흥미진진한 지리 이야기

리나라의 남극기지 설립은 세계에서 16번째로서 세종기지를 통해 지질학·생물학·해양학·대기과학·지구물리학 그리고 우주과학 등의 연구를 수행하고 있다.

아울러 우리나라는 2014년 2월 12일 해안과 내륙으로의 진출이 용이한 동남극의 테라 노바 베이Terra Nova Bay에 제2의 과학기지인 장보고기지를 건설하였다. 이로써 우리나라는 남극에 2개 이상의 상설기지를 보유한 10번째 국가이자 남극 연구 핵심국가가 되었으며, 빙하, 운석, 고층대기 및 남극 대륙과 대륙붕 지역에 대한 지질 조사 등 다양한 극지 기초연구를 통해 세계의 기후변화 대응 등 남극 과학연구를 이어 가고 있다.

남극의 재미있는 이야기

남극에서는 재미있는 천문 현상들이 나타난다. 먼저 남위 66.5° 이남인 남극권으로 가면 여름에는 해가 지지 않는 백야, 겨울에는 해가 뜨지 않는 극야 현상이 나타나며 이런 현상은 남쪽으로 갈수록 심해진다. 그리하여 지리남극점에서는 말 그대로 6개월이 낮, 6개월이 밤이다. 남극점에서는 태양이 뜨고 지는 데 각 6개월씩이나 걸리는 셈인데, 1년에 태양이 단 한 번만 떠올라 단 한 번만 지는 신기한 곳이다. 나아가 낮이 계속될 때는 태양을 24시간 관측할 수 있고, 밤이 계속될 때는 천체를 24시간 관측할 수 있다. 그리하여 겨울 대비 여름 상주 인구가 약 다섯 배나 되는 곳이기도 하다. 겨울에는 극한의 추위와 극야 현상 때문에 약 1,000여 명만 상주하는 반면, 여름에는 한시적으로 운용되는 하계기지 연구원들을 포함하여 약 5,000여 명이 거주하는 그야말로 지구상에서 계절별 인구 차이 정도가 가장 심한 곳이다.

남극에서 발생한 쓰레기는 어떻게 처리할까? 남극은 인류가 가장 최근 발견한 대륙으로서 오염이 최소화된 지구에서 가장 깨끗한 곳이라 할 수 있다. 하지만 이곳은 춥고 건조한 한대기후로 인해 오염이 되면 자연 회복력이 낮다. 그래서 남극조약에 가입한 나라들은 남극 환경보호를 위해 1991년 환경규약을 만들었다. 이 규약에 따라 남극기지에서 나오는 쓰레기 중에서 유독가스가 안 나오는 것만 태울 수 있으며 태우고 남은 재와 나머지 쓰레기는 모두 배에 실어 남극 밖으로 가지고 나와야 한다.

또한 남극에서 동식물이 모여 살고 있는 곳에는 허가를 받고 들어가야 하며 정해진 길로만 다녀야 한다. 외래 흙이나 생물의 반입도 금지되어 있는데, 바이러스나 세균 등의 유입을 차단해 남극 생태계를 온전히 보존하기 위해서이다. 특히 남극 생태계는 얼마 전까지 고립된 상태를 유지하고 있었기에 내성을 키우지 못한 상태라 외래종 유입에 더욱 취약하다고 한다. 이는 인간의 소지품이나 선박에 붙은 생물을 통해 들어올 수 있는데 이를 막기 위한 생물보안biosecurity 규정이 시행되고 있다. 남극에 방문하려는 사람들은 의복과 신발 등을 꼼꼼히 고온 세탁해야 하고, 고기, 과일, 채소 등을 포함한 모든 썩을 수 있는 음식을 반입해서는 안 된다. 항구에서도 남극으로 들어오는 선체 청소 주기를 단축하고 카메라를 이용한 선체 점검 등을 통해 외래종 유입을 차단하여 남극 생태계를 보호하고 생물다양성을 유지하려는 노력을 추진하고 있다.

문득 이런 궁금증이 생긴 적이 있다. 눈과 얼음으로 덮인 비슷한 환경의 북극에는 왜 남극펭귄이 없을까? 남극에 북극곰이 살지 않는 이유는 뭘까?

북극에 남극펭귄이 진화하지 못한 이유를 살펴보자면 펭귄은 오래전부터

애매모호해서 흥미진진한 지리 이야기

남반구에 잘 적응해 온 동물이란 점을 짚어야 한다. 그런데 북극으로 가려면 적도를 거쳐 북반구를 지나가야 하는데 펭귄의 수영 실력이 아무리 뛰어나다고 해도 바다의 온도가 높아지는 적도 부근에 거센 해류가 마치 방어막처럼 작용하기 때문에 펭귄이 그 선을 넘어가기가 어려웠을 것이다. 그렇다면 인위적으로 펭귄을 북극에 정착시키면 잘 살 수 있을까? 지난 20세기에 노르웨이 사람들은 여러 종의 펭귄을 인위적으로 북극으로 옮기는 실험을 했으나 전부 죽은 채 발견되었다고 한다. 이는 미세한 서식 환경의 차이도 있었지만, 북극곰, 북극여우, 늑대 등 육상 포식자들이 많은 북극에서 날지 못하는 펭귄이 번식하며 살아가기에는 어려움이 있다는 분석 결과가 있었다.

그렇다면 남극에는 왜 북극곰이 살지 못하는 것일까? 남극대륙과 달리 북극은 대부분 바다와 유빙(바다 얼음)으로 이루어져 있는데, 북반구 대륙의 곰들이 먹이를 찾아 유빙을 타고 이동해 다니다가 북극에 정착하게 되면서 북극곰이 된 것이라는 설이 유력하다. 40년 동안 북극곰을 연구한 캐나다 앨버타대학의 앤드류 데로처Andrew Derocher 교수는 남극에 북극곰이 없는 데에는 특별한 이유가 없다고 한다. 특정 생물 종은 일부 지역에서 진화하고 다른 일부 지역에서는 진화하지 않았다는 단순한 우연이 이유라면 이유라고 말한다. 무엇보다 북극곰이 엄청나게 먼 거리의 남극으로 이동할 기회가 없었던 이유를 남극의 지리적 특성에서 찾는다. 북극은 겨울 시기가 되면 바다가 얼어서 유라시아 대륙과 아메리카 대륙과 이어지는데, 남극은 아무리 얼음이 얼어도 다른 대륙과 연결될 수 없는 고립된 대륙이나 다름없다. 즉 육지에서 남극으로 이동할 수 있는 연결 다리가 없는 것이다.

그렇다면 온난화로 서식지를 잃고 있는 북극곰을 인위적으로 남극으로 옮

남극의 해빙(바다 얼음)을 서식지로 삼는 황제펭귄(출처: 위키피디아)

겨 주면 어떻게 될까? 북극곰에게는 그만한 천국 얼음 낙원이 없을 것이다. 하지만 북극곰의 왕성한 식욕과 북극곰이라는 새로운 포식자를 경계하지 않는 남극 생물들의 특성을 고려한다면 남극 생태계는 금방 무너져 북극곰의 남극 낙원 이야기도 금방 끝을 맺을 것이다.

지구온난화로 인하여 안녕하지 못하고 멸종위기에 처한 북극곰과 남극펭귄의 모습이 인류의 모습이 되지 않기를 바랄 뿐이다.

애매모호해서 흥미진진한 지리 이야기

6.
살려야 하는 어중간한 지방 도시들

지방이 살아야 대한민국이 산다

국토 면적의 0.6%를 차지하는 서울에서 인구의 20%가 사는 나라, 국토 면적의 12%에 불과한 수도권에서 인구 50% 이상이 사는 나라가 바로 대한민국이다. 2019년 12월 기준 수도권의 인구가 어느새 우리나라 인구의 50%를 넘어섰다. 특정 도시 및 지역에 인구가 과대하게 몰려 있어 지역 간 인구 격차가 심한 현상은 사실 개발도상국에나 볼 법한 현상이다. 개발도상국의 경우 한정된 자원을 효율적으로 사용하기 위해 중심지역에 먼저 집중 투자한다. 그다음 주변 지역에 공간적 파급효과를 기대하는 이른바 성장거점개발 방식을 추진한다. 따라서 단기간에 개발효과를 극대화할 수는 있지만 지역 간 격차는 불가피하다. 중남부 아메리카에서 전형적으로 나타나는 '종주도시화*' 현상이 우리나라에 나타나고 있는 현상은 지역 불균형 발전이 심각하다는 반

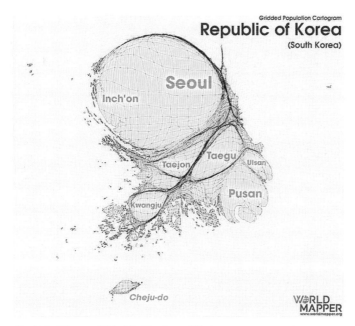

인구수를 기준으로 표현된 대한민국 카토그램(출처: WORLD MAPPER)

증이기도 하다.

 그렇다면 우리나라가 이러한 사태가 될 때까지 아무런 정책과 대책이 없었던 것일까? 우리나라도 1970년대 본격 산업화 경제개발 시기부터 성장거점을 중심으로 '효율성'을 내세운 지역개발 방법을 택하였다. 하지만 1990년대부터는 지역 간 격차를 줄이고 골고루 잘사는 국토를 만들기 위해 '형평성'을 강조한 균형개발 지역개발방식을 채택하였다. 이는 2000년대 균형발전 지역개발방식으로 이어져 지금까지 추진되어 왔지만 아이러니하게 이 순간에도

---

* 수위(首位)도시 인구수가 2위 도시 인구의 2배 이상인 현상. 멕시코, 콜롬비아, 아르헨티나 등에서 뚜렷하게 나타난다. 이는 특정 대도시 과집중 현상으로서 도시 간 심각한 불균형 발전을 상징한다.

애매모호해서 흥미진진한 지리 이야기

수도권의 인구는 집중되고 있으며 30년 넘게 지역 균형, 골고루 발전을 외쳐왔지만 달라진 게 하나도 없는 애석한 현실이다.

수도권 집중 현상을 막고 지방 소멸을 막아 지역 균형발전을 하자는 것은 '지역개발 방법론'으로 접근할 것이 아니다. 지역개발의 방법론은 이해관계, 추구하는 철학 가치가 달라 의견이 분분하고 각각의 장단점이 분명해서 의견을 한데 모으기가 어렵다.

하지만 분명한 것은 지방이 살아나야 서울이 살고, 지방이 살아나야 대한민국이 산다. 지방 소멸의 특단의 대책이 필요한 것이다. 그래서 수도권 일극 체제를 극복하고 다극체제로 가는 것, 지방 소멸을 막아 전 국토가 골고루 발전하고 살만한 곳을 만드는 일은 방법론을 넘어 '국가 생존의 문제'로 접근하고 풀어 나가야 한다.

더욱이 우리나라는 2020년부터 사망자 수가 출생아 수보다 많아진 '데드 크로스'가 발생하여 인구 자연 감소가 진행 중이다. 또한 수도권의 인구 비중은 지금 이 순간에도 높아지고 있어 비수도권의 인구 비중은 갈수록 위축될 것으로 판단된다. 2021년 감사원이 발표한 '인구 구조 변화 대응 실태' 감사 보고서에 따르면 현재의 합계출생률 수준과 수도권으로의 인구 집중 추세가 지속된다고 가정하면 2047년부터는 우리나라 모든 시군구가 소멸위험단계에 진입할 수 있다는 불길한 예측까지 나오고 있다.

상황이 이런데도 지방 소멸에 대해서만큼은 여전히 시급한 문제로 여기지 않는 경우가 많다. 다른 인구 문제와 달리 지역 간 이해관계가 달라 입장과 태도도 지자체별로 온도 차가 있다. 당장 수도권과 비수도권 간의 입장이 다르다. 수도권에 살고 있는 대한민국 국민 절반에게는 지방 소멸이 나와 상관없

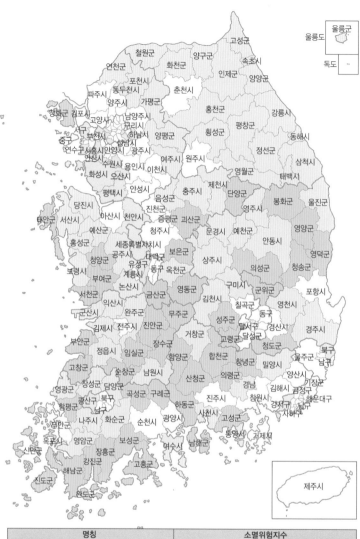

울릉도 울릉군

독도

고성군

철원군 양구군
연천군 화천군 속초시
인제군 양양군
포천시 춘천시
파주시 동두천시
양주시 가평군
강화군 김포시 남양주시 홍천군 강릉시
고양사 구리시 평창군
중구 부천시 하남시 양평군 동해시
연수구시흥시안양시 성남시 정선군
안산시 광주시 횡성군
수원시 용인시 여주시 원주시 삼척시
화성시 오산시 이천시
평택시 안성시 충주시 제천시 단양군 태백시
당진시 음성군 진천군 봉화군 울진군
태안군 서산시 아산시 천안시 증평군 괴산군 영주시
예산군 청주시 문경시 예천군 영양군
홍성군 세종특별자치시 보은군 안동시
청양군 공주시 대덕구 상주시 의성군 청송군 영덕군
보령시 유성구 동구 옥천군
부여군 계룡시 영동군 구미시 군위군
서천군 논산시 금산군 김천시 칠곡군 영천시 포항시
익산시 무주군 성주군 동구 경산시 경주시
군산시 완주군 진안군 달성군 고령군 달성군 청도군 북구
김제시 전주시 거창군 합천군 창녕군 밀양군 울주군 남구
부안군 정읍시 임실군 장수군 함양군 의령군 경남 양산시 기장군
고창군 순창군 남원시 산청군 김해시 금정구
영광군 장성군 담양군 곡성군 구례군 진주시 창원시 해운대구
광산구 북구 하동군 사천시 경서구 남구
함평군 남구 나주시 화순군 순천시 광양시 고성군 통영시 거제시
무안군 목포시 영암군 보성군 여수시 남해군
신안군 장흥군 고흥군
강진군 고흥군
해남군
진도군 완도군

제주시

명칭		소멸위험지수	
소멸 저위험		1.5 이상	
정상지역		1.0~1.5	
소멸주의		0.5~1.0	
소멸위험지역	소멸위험진입	0.2~0.5	
	소멸 고위험	0.2 미만	

*소멸위험지수 = 20~39세 여성 인구수 / 65세 이상 고령 인구수

2022년 2월 전국 시군구별 소멸위험 지역(출처: KDI 경제정보센터)

애매모호해서 흥미진진한 지리 이야기

는 먼 지방의 문제로 느껴지기 때문이다. 문제는 비수도권에조차 의외로 수도권 편중에 대한 문제의식이 뚜렷하지 않은 경우가 많은 것이다. 자신이나 자녀들이 멀지 않은 미래에 진출할 목적지, 진출하고 싶은 지역으로 인식하면서 그다지 이해관계가 대립되는 대상으로 여기지 않는 분위기도 느껴진다.

그러나 지방 소멸의 파장은 비수도권뿐만 아니라 수도권에도 좋지 않은 영향을 미친다. 인구 소멸위험지역은 교육, 의료 및 공공서비스 질 저하, 생활편의시설 부족 문제 등에 시달리고 인구 과밀지역은 도시 환경 문제, 집값 폭등, 교통 체증 등의 집적 불이익이 나타나고 심화된다. 지방의 쇠퇴와 소멸은 결국 중앙정부의 부담으로 작용하고 국가경쟁력을 저하시키는 요인으로 작용할 수 있다.

전보다 나은 주거지로 옮겨 가는 주거 상향필터링 과정은 지역 간 인구 이동에서도 나타나는 경향이 있다. 우리나라 중소도시 인구의 경우 대도시로 유출되고, 대도시의 인구는 다시 수도권으로 유출되는 연쇄 이동 현상이 있다. 하지만 지방이 소멸한다면 권역별 대도시도 위태로워질 수 있으며, 이는

6대 광역시 2012년 대비 인구 증감 현황

지역	증감율(%)	증감폭(명)
인천	3.7	104,394
광주	−1.9	−27,605
울산	−2.2	−25,664
대전	−4.7	−72,332
대구	−4.8	−120,232
부산	−5.3	−188,104

(출처: 통계청 국가통계포털(KOSIS))

수도권으로의 유입 인구도 한계에 이르러 국가경쟁력 전체의 구조적 문제에 이르게 된다. 최근 10년간 6대 광역시 중 서울과 접해 있고 수도권에 속한 인천광역시만 인구가 증가했으며, 나머지 5대 광역시는 인구가 감소한 것으로 나타났다. 이는 지방 소멸이 지속되는 상황에서 광역시도 현재 상태의 인구를 유지하기 힘들다는 통계를 보여 주고 있는 셈이다.

잠깐 생태계 이야기를 해 보려고 한다. 유기적인 먹이사슬이 맞물려 있는 생태계에서 전체 생물의 개체 수에 큰 영향을 미침으로써 생태계의 균형과 안정에 특별히 중요한 역할을 하는 생물 종이 있는데, 이를 핵심종이라고 한다. 특정 생물들은 멸종하더라도 큰 영향을 끼치지 않을 수도 있지만, 핵심종이 사라졌을 때는 큰 혼란을 초래할 수도 있다.

상위포식자인 핵심종이 사라졌을 때 생태계 다양성은 어떻게 될까? 핵심종과 생태계의 관계에 대한 체계적인 연구를 한 해양 생태학자 로버트 페인 Robert Paine의 분석은 우리에게 시사하는 바가 크다. 연구 실험구역에서 핵심종을 인위적으로 제거시키는 실험 결과, 서식하던 15종의 생물이 1년 후 8종으로 감소했다. 5년 뒤엔 모든 생물 종이 사라지고 한 종만 남게 되었다. 불가사리만 사라졌을 뿐인데, 멸종의 도미노 현상이 벌어진 것이다. 이는 비록 실험이었지만, 어떤 종의 멸종은 연쇄 멸종의 도화선이 된다는 것을 우리에게 경고하고 있다.

지금 권역별 대도시의 인구 감소는 어쩌면 '핵심종'이 멸종되고 있다는 신호가 아닐까? 핵심종 대도시의 인구 감소는 지방 중소도시의 소멸을 가속화시킬 수 있음을 의미한다. 그리고 이것은 다시 대도시에 영향을 끼치고 최상위 핵심종 서울과 최상위 핵심그룹이라 불릴 수 있는 수도권의 지속 가능성

애매모호해서 흥미진진한 지리 이야기

까지도 위협하는 악순환이 될 수 있음을 시사하는 대목이다.

지역 불균형은 다른 인구 문제를 심화시키기도 한다. 좁은 면적의 수도권에 인구가 과밀되면서 부동산 과열 및 취업난 등의 경쟁이 심화되고 이는 청년들의 결혼 및 출산에 대한 부담으로 이어지면서 저출생 고령화 심화의 원인으로 작동한다. 실제 2022년 통계청이 발표한 합계출생률은 0.78명으로 역대 최저치를 찍었으며 경제협력개발기구 OECD 38개 회원국 가운데 꼴지(합계 출생률 1.0 미만 유일)라는 수식어가 붙었다. 그중에서도 서울 출생률은 0.63명으로 전국 17개 시·도 가운데 가장 낮은 수치를 보이고 있다.

청년들이 지방을 떠나 대도시로 유입되면서 대도시의 인구 과밀로 일자리, 주거, 물가 등 자원에 대한 경쟁이 치열해질수록 결혼과 출산 등의 과업은 미루거나 포기하게 되는 것이다. 서울대학교 인구학연구실 조영태 교수연구팀에 따르면 경쟁이 치열한 환경에 놓일수록 재생산의 욕구보다는 생존의 욕구가 우선 작용되기에 결혼과 출산을 뒤로 미루는 선택 경향이 높아지는 것으로 나타났다(조영태, 2021). 즉 지방 소멸이 심화되고 수도권 집중현상이 심화될수록 저출생·고령화라는 인구 위기가 더욱 깊은 늪으로 빠지는 악순환이 반복됨을 시사하고 있다.

수도권 일극체제에 맞서 지방별 광역권 생활경제 공동체를 구성하려는 메가시티 논의가 활발하다. 같은 권역의 광역자치단체가 교통 문화 경제 등의 분야에서 초광역 협력사업을 진행하며 수도권에 맞설 행정 축을 만들자는 목표를 하고 있다. 하지만 정치 성향에 따라 울산 경남 시·도의회에 이어 부산까지 부산·울산·경남 메가시티 규약을 폐기하고 있어 정치적 논리에 따라 좌지우지되는 지역개발의 모습이 안타깝기만 하다. 근시안적인 지역이기주의를 벗어나 인접한 지자체는 운명공동체라는 인식하에 이해와 합의를 이룰 필요가 있다. 또한 메가시티 출범에 따른 성과와 이익의 분배 그리고 지속 가능성을 위한 세심한 논의가 필요하며 중앙정부의 역할 또한 중요할 것으로 생각된다.

한편 초광역권 메가시티 내에서도 강력한 영향력을 행사하는 '강력한 핵심 지역을 구축하는 것'을 주장하기도 한다. 지방을 떠나는 청년들을 붙잡기 위해 교통 결절점에 기업을 유지하고 문화·상업시설을 집중시키는 '압축적인 공간'을 조성하자는 전략이다. 여기에 '앵커' 기업을 유치하고 지역의 대학·공공기관을 연계하고 청년들을 위한 주택을 배치하는 방식이다(허환주, 2022). 그렇게 된다면 청년들이 원하는 고밀도 혁신 공간이 만들어지고 기업들도 청년 인재를 쫓아 지방으로 이전할 수 있다고 말한다. 하지만 선택과 집중을 통해 거점을 키울 경우 또 다른 불균형을 초래할 수 있다는 우려가 제기된다. 따라서 거점에서 나오는 이익을 주변과 나누는, 지속 가능한 시스템이 요구된다. 거점에서 창출되는 개발이익을 주변 지역에도 나눠 주는 구조가 필요한 것이다. 예를 들어 초광역권 내 상생기금을 마련하고, 개발사업 시 거점과 주변을 한데 묶어 동시에 개발을 진행하되 거점 개발·사업 이익을 주변 개발·사업 손실에 활용하는 방안, 거점과 주변 지역 간 세제 개편을 통한 주변 지역으로의 기업 투자를 촉진하여 지역경제 활력이 확산되는 정책 등이 필요하다.

이러한 지방의 위기의식에 따라 지역 소멸을 막기 위해, 아니 최소한 지역 소멸을 늦추기 위해 노력하는 최근의 모습은 그래도 고무적이다. 하지만 우리가 맞닥뜨린 현재의 위기 상황은 쉽사리 해결될 것 같지 않다는 예감이 드

애매모호해서 흥미진진한 지리 이야기

는 것도 사실이다.

그 첫 번째 이유로 교통이 발달할수록 고차중심지(대도시)가 성장하고 저차중심지(상대적 중소도시)는 쇠퇴한다는게 일반적인 지리학 이론이기 때문이다. 접근성이 좋아지면서 각종 기능이 밀집된 대도시에서의 경제 소비활동이 많아지고, 반대로 중소도시는 쇠퇴되면서 악순환의 고리는 지역 간 편차를 불러오고 양극화 현상을 초래할 수밖에 없다. 예를 들면 중소도시에 사는 사람이 대도시 백화점에 가서 물건을 사거나, 대형마트에서 장을 보고, 대학병원에서 진료를 받는 것이다.

지리적 이론과 추상적 설명을 거론하지 않더라도 이것은 현실화되고 있다. 2010년 개통한 도시고속화도로인 '거가대교'는 2시간 50분 거리의 거제-부산(가덕도)을 50분으로 단축했다. 접근성의 비약적인 향상은 주거지의 외곽 확산을 가져왔고 경제활동의 대도시 의존성을 심화시켰다. 2014년 말 조선업 불황이 닥치기 전까지 거제시의 인구는 꾸준히 증가했지만, 여가·쇼핑·문화의 부산 의존도는 더 심화되었다. 국토연구원 분석에 따르면 2010년에는 부산의 쇼핑영향권에 들어오지 않았던 거제시가 거가대교 개통 이후 2017년에는 직접적인 영향권에 포함되었다.

또한 고속철의 직접적 혜택을 받고 있는 부산·대구·대전·광주 환자들이 서울과의 접근성이 향상되면서 지역 병원들은 경쟁력 감소에 따른 의사 유출 및 의료 공백이 우려되고 있다. 지역 간 의료 서비스 불균형이 심화되고 있는 것이다. 더욱이 2016년 SRT 개통으로 서울 강남구로의 접근성이 더욱 높아진 점은 병원뿐만 아니라 학원 사교육, 백화점 고급 고차 소비기능의 서울 쏠림현상을 심화시키고 있다는 기사가 수두룩하다.

이렇듯 교통의 발달은 대도시(혹은 수도권)가 주변 중소도시(혹은 비수도권)의 기능을 흡수하는 빨대효과를 초래할 우려가 있다. 지역 고유의 특색을 살린 경쟁력을 갖추지 못할 경우 중소도시의 자족기능이 더욱 악화되고 결국 지역 소멸이 가속화될 수도 있다는 점을 알아야 한다. 그리고 우리는 교통망 확충을 통한 접근성 향상만이 지역균형발전을 가져올 수 있다는 막연한 환상과 기대를 의심하고 비판적으로 바라볼 필요도 있겠다. 물론 고속도로 개통 및 교통의 발달 등으로 우리 국토는 물류의 효율적 이동, 인구 이동의 편리성 등 각종 편익을 가져와 우리나라 경제발전에 이바지한 기능은 충분히 공감한다. 하지만 교통발달에 따른 지역 간 업종별·규모별 효과는 명암을 달리 할 수도 있기 때문에 이를 정확히 분석하고 적용하는 노력이 필요할 것이다. 특히 중소도시 내지는 군 단위 농산어촌에서는 더더욱 말이다.

둘째, 미래 먹거리를 책임질 4차 산업혁명 관련 인프라 역시 수도권에 집중되며 지역 간 불균형 현상이 심화될 것으로 예측되기 때문이다. 서울·경기·인천 수도권의 4차 산업혁명 관련 산업 비율은 60% 이상으로서 50%의 인구집중보다 편중 현상이 심각한 편이다. 4차 산업혁명 혁신 기반이 취약한 지방에 대한 중앙정부의 관심과 지원이 필요한 이유이다. 실제로도 코로나19 이후 수도권과 비수도권의 소득격차가 더 커진 것으로 나타나기도 했다. 국토연구원이 2021년 내놓은 '코로나19 이후 불평등 심화와 균형발전 정책과제'에 따르면 수도권의 소득상승률은 6.9%에 달한 반면, 비수도권의 소득 상승률은 5.6%에 그쳤다. 국토연구원은 지역 간 소득격차의 원인을 산업 인프라 차이로 분석했는데 코로나19로 비대면 산업이 성장하며 상대적으로 관련 인프라를 갖춘 수도권이 더 높은 상승률을 보인 것이다. 코로나로 인하여 지

지역별 4차 산업혁명 및 전 산업의 사업체 수 비중

	4차 산업혁명 관련 산업		전 산업		(B)−(A)
	사업체 수	비율(A)	사업체 수	비율(B)	
서울	18,182	28.6	822,863	20.5	−8.1
부산	3,603	5.7	286,571	7.1	1.5
대구	3,272	5.1	209,376	5.2	0.1
인천	3,867	6.1	196,705	4.9	−1.2
광주	1,399	2.2	118,409	2.9	0.7
대전	1,635	2.6	115,423	2.9	0.3
울산	1,258	2.0	83,872	2.1	0.1
세종	155	0.2	13,668	0.3	0.1
경기	16,918	26.6	878,275	21.8	−4.8
강언	660	1.0	140,058	3.5	2.4
충북	1,207	1.9	126,224	3.1	1.2
충남	2,029	3.2	166,247	4.1	0.9
전북	1,102	1.7	148,269	3.7	2.0
전남	765	1.2	153,280	3.8	2.6
경북	3,159	5.0	226,079	5.6	0.7
경남	4,065	6.4	274,490	6.8	0.4
제주	260	0.4	60,063	1.5	1.1
합계	63,536	100.0	4,019,872	100.0	−

(출처: 통계청, 전국사업체조사, 2017)

역 업체의 상대적 적응 및 경쟁력이 약화되어 일자리가 사라지고, 있는 기업마저도 수도권으로 옮겨져 청년 일자리가 유출되는 상황이 실제 자료로 증명되고 있는 셈이다.

애초 출발선이 다른 경쟁은 공정하다고 할 수 없다. 기회의 평등이 작용될 수 있도록 중앙정부는 지방의 혁신 인프라 구축에 관심가져야 하며, 또한 어느 정도 결과의 평등을 위해서라도 4차 산업혁명이 지역 간 격차를 심화시키는 촉매가 되는 것을 경계해야 한다. 이러한 미래산업에 대한 지역 간 편중이 결국에는 지방 쇠퇴를 가속화하고 국가 전체 경쟁력을 위협할 수 있다는 점을 우리는 명심해야 한다.

지방에 살지live 못하면 지방에서라도 사라buy!

그렇다면 지역 소멸을 막고 균형발전을 할 수 있는 실제적인 대안은 없을까? 다양하고도 고급 기능을 제공하는 대도시의 영향력이 교통이 발달할수록 공간적으로 확대된다면 중소도시 및 촌락의 쇠퇴는 숙명으로 받아들일 수밖에 없을까? 현재의 지역 발전 계획은 밑 빠진 독에 물 붓기 혹은 지자체의 직무 유기를 면피할 지자체 간의 인구 제로섬 게임이나 다름없는 게 현실이다. 수도권으로의 과도한 집중을 해결하기 위해서는 수도권을 제한하는 정책으로는 한계가 있다.

지방에서의 소비 매력을 높이고, 나아가 각종 기능이 옮겨가고 분산될 수 있도록 비수도권의 경쟁력을 과감하게 높여야 한다. 그 해법으로 과감하고도 구체적인 지역화폐 추진을 제안하고 싶다. '지역사랑상품권' 등으로 불리는 지역화폐는 코로나19를 기점으로 대폭 늘어 사실상 대부분의 지자체가 발행하고 있다. 고물가 기조 속 10% 할인 혜택으로 국민들에게도 인기가 높았다. 대학 수강신청을 방불케 하는 매달 첫날 지역화폐 충전 경쟁, 경기 시·군 2023년 설 10% 특별할인에 지역화폐 인기 고공행진, 지역화폐테크 용어 등장 등이 이를 증명하고 있다. 행정안전부에 따르면 지역화폐 판매액은 2019년 3조 원에서 2021년 23조 원을 넘어 2022년에는 30조 원에 이를 것으로 추정된다. 그야말로 안 좋은 경기상황에서 소비자들은 지역화폐 사용을 통해서

애매모호해서 흥미진진한 지리 이야기

라도 가계 생활비를 절감하고 있음이 드러나고 있다.

　그러면서 들었던 생각이 있다. 지난 16년간 저출생 예산 약 280조 원(연간 약 17.5조 원) 중 절반(연간 약 9조 원)만이라도 지방 활성화를 위해 지역화폐에 지원한다면 어떤 일이 벌어질까 상상해 봤다. 2022년 지역화폐 예산은 고작 6,000억(2023년에는 3,500억) 원이다. 저출생 예산 9조 원을 지역화폐 예산으로 지원하는 것이다. 물론 저출생 극복을 위해 사용된 금액에 착시효과가 있다는 것은 인정하더라도, 국가적으로 어딘가에 쓰인 예산임에는 틀림없다.

　지역화폐는 중앙정부가 지자체가 쓰는 예산에 맞춰 지원하므로 재정 여건이 더 좋은 지자체일수록 지원금을 더 많이 받는다. 재정 상황이 비교적 좋은 큰 도시에 유리한 게임인 것이다. 하지만 이 게임을 대도시 주변 중소도시나 비수도권에서 사용하고 싶도록 매력도를 높인다면 지방 소멸을 조금이라도 해소할 수 있지 않을까?

　우리나라는 사통팔달 교통이 발달해 있어 전국이 자동차로 반나절 생활권이다. 또한 2022년 기준 한국 성인 스마트폰 사용률이 무려 97%나 되는 모바일 정보화 강국이다. 이 두 가지 장점을 활용한다면 충분히 가능한 일이고 직접적인 효과를 낼 것으로 생각된다. 필자 주변에도 지역화폐 혜택받는 주유를 하기 위해, 지자체의 경계를 기꺼이 넘어 기름을 넣는 아이러니하고도 똑똑한 소비자들을 꽤나 많이 보았다.

　구체적 방법은 우선 지역별로 나뉘어 있는 지역화폐를 전국적으로 통합한다. 다음으로 지역 간 인구별 또는 경제규모별로 분류하고 낙후된 지역일수록 차등적으로 지역화폐의 페이백 혜택을 높여야 한다. 예를 들어 군 단위에서 읍면을 구분, 시 단위에서도 읍면동을 구분, 대도시에서도 시군구 단위별 읍면동에 따라 분류한 뒤 소멸위험이 높을수록 혜택을 차등화해야 한다. 소멸위험지역은 30%, 소멸우려지역은 20%, 시 단위 동 지역을 제외한 일반지역은 10% 등으로 말이다.

이것은 국가적 저출생으로 인한 인구 감소 추세 등으로 지방의 상주인구 늘리기가 현실적으로 곤란하므로 일종의 '유동인구', '생활인구'를 늘리자는 전략이다. 물론 이 과정에서 특정 지역, 업종, 업체만 혜택을 가져갈 수 있는 문제점이 있기 때문에 페이백(할인률)을 차등적으로 조정하거나 페이백(할인률) 상한제를 적용할 필요도 있어 보인다. 상한제 적용에 있어서는 예를 들어 특정 지역, 업종, 업체 지역화폐 지원금 소진 정도를 스마트폰 어플을 통해 실시간으로 알려줌으로써 쏠림현상을 배분하고 소외된 다른 낙후지역에서의 경제활동을 유도할 수도 있을 것이다.

사고 싶은 곳, 팔고 싶은 곳이 된다면 머무는 곳이 되는 것은 당연하다. 그리고 머무는 곳이 궁극적으로 경제활동을 하며 '살고 싶은 곳'이 될 수 있도록 지자체의 지원과 혜택도 매력적이어야 할 것이다. 또한 안정적이면서 지속 가능한 지역화폐 운영은 지방 소멸을 막고 균형발전을 목표로 한다. 이를 위해 중앙정부 및 국회 차원에서는 일정액 이상의 예산 확보 보장이 전제되어야 할 것이다. 지방 소멸을 막고 균형발전을 위한 골든타임을 놓치지 않기 위해서는 정치적 이해관계를 떠나 국가 존망의 문제로 접근하고 지원해야 함을 잊어서는 안 되겠다.

이 밖에도 출생지가 아니더라도 마음이 머무는 곳에 기부가 가능한 고향사랑기부제, 일주일 중 5일은 도시에서 2일은 촌락에서 살자는 '5도(都) 2촌

애매모호해서 흥미진진한 지리 이야기

(村)' 하이브리드 정주(定住) 형태를 제안하기도 한다. 대한민국은 저출생·고령화로 인한 지방 소멸 위기에 대한 대응책으로 고향사랑기부제를 제정해 2023년 1월 1일부로 시행하고 있다. 고향사랑기부제란 지방자치단체에 기부하면 세제 혜택과 함께 지역특산품을 답례로 제공하는 제도이다. 지자체 생산물 소비를 활성화하고 나아가 지역특산품 홍보 효과까지 덤으로 가져올 수 있으며 세금혜택까지 있어 매력적이다. 우리보다 먼저 저출생·고령화를 겪은 일본의 경우 2008년부터 고향납세제도 운영을 통해 수도권 인구 집중과 지방 소멸에 대응하고 있다.

5도 2촌이란 귀농·귀촌으로의 완전한 이주가 아닌 도시 및 촌락을 모두 정주거점으로 삼는 일종의 복수거점 라이프이다. 촌락에 대한 수요를 도시와 지역 살리기의 묘책으로 활용한다면 이러한 라이프를 즐기는 사람과 낙후된 지방 입장에서도 서로 윈-윈 할 수 있다. 지자체 차원에서 이러한 사회적 흐름과 현상에 맞는 행정을 편다면 도시도 살고 인근 촌락도 활성화되는 기회가 될 수 있을 것이다.

이렇듯 지자체는 지역 고유의 특성을 살린 차별화 전략에 역량을 집중하고, 시민들은 낙후지역에서의 소비가 파생할 긍정적 나비효과를 기대하고 그것이 결국에는 도시와 촌락의 상생의 지름길임을 자각하는 인식의 전환과 착한 소비 및 행동이 필요한 시점이다.

문화는 사람과 사람이 만나 만들어지고 계승된다. 지방 소멸은 단순한 물리적 환경에 대한 쇠락과 소멸을 넘어 지역 고유의 정신, 역사, 문화 및 정체성이 소멸되는 것이다. 그리고 그것은 주변 대도시를 넘어 수도권을 넘어 대한민국 전체의 운명과 맞닿은 지속 가능성을 위협하고 있다.

제6화

애매모호함의 재미

1.
경계가 주는 재미 그리고 가능성

경계는 장벽인 동시에 또한 '통로'의 역할을 수행하는 곳이다.

—이화여대 사회과교육과 이영민 교수

인간은 과연 완벽한 경계를 그을 수 있을까? 생각해 보면 자연 현상도 한순간 바뀌거나 한 발자국 선을 놓고 바뀌지는 않는다. 낮과 밤도 그렇다. 희미하게 날이 밝아 오는 여명을 거쳐 아침이 되고, 해가 지고 어스름해지는 황혼을 지나 저녁이 된다. 식생을 놓고 보더라도 난대림과 냉대림 사이에는 온대림이 분포한다. 침엽수림과 활엽수림이 섞여 있는 애매한 혼합림(온대림)을 거쳐서 바뀌는 일종의 '그러데이션gradation' 공간이 존재하기 마련이다. 자연의 경계도 이러한데 하물며 인간이 구분해서 정한 경계는 완벽할 수 없기에 필연적으로 애매모호성을 띤다. 따라서 경계는 선이 아닌 면으로 인식되어야

양 지역 간 분쟁과 갈등을 최소화할 수 있다. 서로의 다름을 인정하고 허용하는 일정의 완충 공간이 필요한 셈이다.

현실에서의 경계는 국가 간의 국경선을 비롯해 대부분 선으로 구분된다. 그래서 경계를 넘나드는 것은 설렘과 두려움이 늘 교차하는 것 같다. 익숙함으로부터 멀어지고 낯선 것들을 만나는 일이기 때문일 것이다. 하지만 두려움보다 설렘의 기대가 더 클 때 우리는 꿈꿔 왔던 '여행'을 실행하곤 한다. 여행 전 느꼈던 두려움이라는 감성은 여행 속에서 낯선 것들에 대한 편견이 깨지고 걱정이 차츰 사라지면서 자연스레 잊히곤 한다.

우리나라 사람들에게 국경은 어떤 의미일까? 현재 분단국가라는 대한민국의 특성상 우리나라 국경을 두 발로 걸어서 넘을 수 있는 사람은 없다. 그리고 남북을 가로지르는 군사분계선으로 대표되는 접경 이미지 등은 경계선은 외부로부터 지켜야 되는 장벽의 의미가 크다. 국경을 자유롭게 넘을 수 있는 유럽인*들이 느끼는 국경에 대한 인식과는 분명 다를 것이다. 그것은 자연스러움보다는 인위적이고 의식적이며, 무심코 지나치는 곳이 아닌 절차적 과정이 존재하며, 통로와 같은 개방성보다는 막다른 골목의 폐쇄성에 가깝다. 하지만 역발상으로 경계가 주는 애매모호성의 장점을 살려 아래의 사례들처럼 경계가 주는 재미를 찾아 떠나 보면 어떨까?

2019년에 미국과 멕시코 국경을 사이에 두고 분홍색 시소가 설치되었다. 무거운 적막이 감도는 국경지대, 거대한 철제 장벽을 가로질러 세워진 이 시소는 미국의 건축가이자 캘리포니아대학의 로널드 라엘Ronald Rael 교수와

---

* 유럽 회원국 간 무비자 통행을 규정한 국경 개방 조약인 '셍겐 협약'에는 유럽 27개국이 참여하고 있으며, 약 4억 2천만 명에 이르는 유럽인들이 자유로이 국경을 넘나들고 있다.

애매모호해서 흥미진진한 지리 이야기

2019년 7월, 미국과 멕시코를 가르는 거대한 철제 장벽에 만들어진 설치 예술인 분홍색 시소에서 멕시코 어린이(왼쪽)와 미국 쪽 관광객이 시소를 타고 있다(출처: Ronald Rael 인스타그램).

새너제이주립대학 버지니아 산 프라텔로Virginia San Fratellio 교수의 설치예술이다. 최근 양국 사이에 갈등과 비극이 끊이지 않는 국경에서 양국의 화합과 공존을 보여 주기 위해 기획한 것이라고 한다. 10년 전부터 이 시소를 구상했다는 라엘 교수는 "시소를 이용해 우리는 모두 똑같고, 함께 공존할 수 있다는 것을 보여 주고 싶었다"고 말했다. 그는 또 "시소는 어느 한쪽의 행동이 다른 쪽에도 영향을 미친다는 것을 상징한다"라고 의미를 부여하기도 했다.

미국과 멕시코의 국경은 이 시소를 통해 웃음소리가 나는 이색적인 여행지가 됐다. 국경은 장벽을 넘어 양쪽이 웃고 소통할 수 있는 통로 역할을 기꺼이 제공해야 한다. 그러기 위해서는 원하면 언제든지 모이고 재미있게 놀 수 있는 공간으로 만드는 것이 필요하다. '서로를 나누는 경계'를 넘어 '서로의 관계를 맺는 매개 공간'으로서 경계를 바라보는 새로운 발상의 전환이 요구된다.

애매모호해서 흥미진진한 지리 이야기

2.
적도 위에서 노는 나라가 있다고?

위도 0°를 지나는 대표적인 나라 에콰도르는 에스파냐어로 적도equator를 뜻하는 나라이다. 에콰도르에는 북반구와 남반구를 나누는 적도가 지나는 지점에 적도 박물관이 있다. 적도선 위에서만 관찰되는 여러 가지 현상을 직접 체험하고 관람할 수 있으며 에콰도르 역사와 자연에 대해 배울 수 있는 전시관도 같이 운영한다. 전향력*이 나타나지 않는 적도 선 위에서는 눈을 감고도 흔들리거나 이탈하지 않고 직진으로 걸을 수 있는 마법 같은 체험을 하는 관광객도 더러 있다. 이는 북반구에서는 오른쪽으로 작용하는 전향력과 남반구에서는 왼쪽으로 작용하는 전향력 때문에 이론적으로는 적도 위에서 동쪽을 향해 걸어갈 때 적도 위를 벗어나기 어렵기 때문일 것이다.

---

* 전향력(코리올리의 힘): 물체가 적도로 움직일 때 지구 자전으로 인해 자전 방향으로 이동하는 가상의 힘

적도를 지나는 키토(출처: 빅스비 트래블 블로그)

애매모호해서 흥미진진한 지리 이야기

남반구와 북반구에서 보이는 별은 다른데 이게 동시에 보이는 곳은 에콰도르의 수도 키토가 유일하다고 한다. 적도를 지나는 곳에서도 지형 등의 이유로 북반구와 남반구 별을 동시에 볼 수 있는 경우는 매우 제한적이다. 하지만 적도를 지나는 13개 국가 중에서 키토는 해발고도가 2,850m로 높기 때문에 서로 다른 반구의 별을 동시에 보는 것이 가능해진다.

북반구와 남반구의 경계를 넘나들면서 경험하는 재미나고 이색적인 실험이 또 있다. 적도에서는 싱크대 물이 어느 방향으로 회전하면서 빠져나갈까? 싱크대에 물을 가득 담고 나뭇잎을 띄운 상태로 뚜껑을 오픈한다. 그러면 나뭇잎은 시계방향이나 반시계 방향으로 회전하지 않고 곧바로 구멍으로 빠진다. 단지 적도를 경계로 몇 미터만 이동했을 뿐인데 북반구의 물 빠짐은 반시계 방향, 남반구의 물 빠짐은 시계방향인 것이 적도 위를 넘나들고 있음을 실감케 한다. 그 밖에 적도에서 달걀을 못 위에 세우기* 미션도 재미난 경험이며, 미션 성공 시에는 성공 인증서까지 받을 수 있다고 한다.

이러한 에콰도르에서 전향력과 관련된 관광 체험은 여행객들에게는 신기하고 잊지 못할 경험을 제공할 수 있다. 하지만 사실 이러한 체험들은 아쉽게도 과장된 면이 없지 않아 있다. 물이 빠지는 시간이 짧고 작은 규모이기 때문에 싱크대에서 물이 내려가는 방향을 결정할 만큼 전향력은 크지 않다. 또한 적도 위를 벗어난다는 것이 전향력을 거스르지 못할 만큼 어렵지도 않기 때문에 다른 변수들이 더 크게 작용한다. 하지만 이러한 북반구와 남반구의 경

---

* 달걀을 못에 세우는 게 적도에서는 쉬운 이유는 달걀 안에 노른자가 가운데 위치하지 않기 때문이다. 다른 곳에서는 달걀을 못에 세우는 것이 어렵다. 하지만 적도는 지구상에서 전향력이 가장 적기 때문에 달걀 안의 노른자가 한쪽으로 기울어져 있지 않아서 못에 세우기가 비교적 쉽다고 한다.

계를 나누는 애매모호한 적도 위에서 펼쳐지는 마법 같은 쇼는 관광객들에게 충분히 호기심과 재미를 선사하는 지리적 요소로 작용하는 점은 주목할 만한 일이다.

에콰도르 수도 키토Quito의 구시가지는 1978년 세계 최초로 유네스코에 의해 세계문화유산으로 지정받았다. 에스파냐의 영향을 받은 건물이나 지역이 라틴아메리카 전체에 흩어 있지만 키토처럼 대규모로 잘 보존되어 있는 곳이 없다고 한다. 이곳은 1534년 잉카 도시의 유적 위에 식민제국들이 현재 도시의 기초를 세운 곳이다. 아메리카 대륙 최초의 성당인 샌프란시스코 대성당, 1809년 라틴 아메리카에서는 최초로 에스파냐으로부터 독립한 것을 기념하기 위해 세워진 독립광장 등도 빠질 수 없는 명소이다.

북반구와 남반구가 한데 공존하고 원주민 토착 문화와 유럽 정복자 문화가 융합되어 있으며 가톨릭과 토속신앙이 섞여 있는 이곳. 에콰도르야말로 지역을 초월하여 과거와 현재가 잘 어우러진 애매모호한 매력이 넘치는 나라가 아닐까?

애매모호해서 흥미진진한 지리 이야기

3.
네덜란드-벨기에의 국경 마을 바를러

    바를러 마을은 네덜란드 영토에 자리한 벨기에 영토로, 네덜란드와 벨기에의 영토가 불규칙하게 구획되어 한 마을에 국경선만 30곳이 넘는 독특한 마을이다. 심지어 네덜란드 안에 벨기에가 있고, 벨기에 안에 다시 네덜란드가 있는 곳도 있다. 그야말로 세계에서 가장 국경선이 복잡하게 얽혀 있는 이곳은 신기함과 호기심을 자극하기에 충분하다.

    이렇게 바를러의 국경이 복잡하게 된 사연은 옛 벨기에 핸드릭 공작으로부터 시작된다. 핸드릭 공작은 브레다(네덜란드) 백작에게 땅을 넘겨 주게 되는데 비옥한 땅만 골라 자신의 것으로 남겨 두고 죽게 된다. 이후 브레다 백작의 땅은 다시 나사우 가문에게 넘어가면서 바를러나사우(지금의 네덜란드령), 핸드릭 공작이 남겨 둔 땅은 바를러헤르토흐(지금의 벨기에령)가 되었다. 핸드릭 공작의 판단이 맞다면 마을의 질 좋은 땅은 지금의 벨기에가 다 차지하

네덜란드(바를러나사우)
벨기에(바를러헤르토흐)

복잡한 국경을 이루고
있는 바를러

벨기에와 네덜란드가 뒤
섞여 있다.

애매모호해서 흥미진진한 지리 이야기

고 있는 셈이다. 마을의 국경선 설정은 오래된 것이라고 생각할 수 있지만 현재의 국경선은 1995년에서야 확정되었다고 한다.

예능 프로그램 〈내 친구의 집은 어디인가〉에도 등장했던 바로 이곳은 멤버들이 신기한 에피소드와 낯선 풍경에 꽤나 흥미로워했던 곳이다. 과거 이곳은 벨기에의 화폐와 네덜란드 화폐를 혼용해 쓸 수 있는 유일한 곳이었는데 유럽연합이 되고 유로존 국가가 되면서 지금은 유로화를 사용한다. 마을 바닥에는 영문으로 NL(네덜란드)과 B(벨기에)라는 표시의 국경선이 그려져 있고 그 경계를 알려 주며, 주택의 번지수 표지판이나 전봇대에는 해당 국가를 상징하는 표시를 해 두었다. 한 마을에 두 나라의 자치권이 부여되기 때문에

두 나라를 나누는 국경선이 건물을
통과하기도 한다.

양측 모두의 관공서와 시의회가 존재하는 모습도 이색적이다. 다만 전기, 수도, 가스, 도로 유지 보수 및 쓰레기 수거와 같은 공공부분은 공동 협의회가 구성되어 있다고 한다.

　국경선 위에 있는 가게나 주택은 어느 나라에 속할까? 어느 나라에 속하느냐에 따라서 적용되는 법이 다르기 때문에 이곳에서는 상당히 민감한 문제일 수 있다. 이 경우 대문이나 출입문을 기준으로 주소가 정해진다고 한다. 다만 국경선에 위치한 집에서 태어나면 국적은 선택 가능하다고 한다. 농담 같지만 유리한 법 적용을 위해 현관문의 위치를 바꾸는 일도 있다고 하니 그저 놀랄 뿐이다. 국경을 맞댄 지역답게 다양한 에피소드가 많은 곳이지만 생활하는 데 큰 불편함은 없어 보이고 실제로는 세금 내는 대상국 정도로만 인식하는 듯하다. 이렇듯 이 마을 사람들은 국경과 국적을 인식하지 않고 같은 이웃 주민으로 살아가고 있다.

바를러 마을의 한 카페를 가로지르는 국경선(출처: 위키피디아)

애매모호해서 흥미진진한 지리 이야기

하지만 최근 국경과 국적에 대한 인식을 새삼 느낀 상황이 발생했다. 바로 코로나 상황에 각국의 방역 정책이 달랐던 것이다. 코로나 피해가 상대적으로 심해 대응이 강력했던 벨기에는 락다운이 걸렸지만, 길 하나 건너 네덜란드는 유연한 사회적 거리두기 정책을 실시하면서 모든 상점이 문을 열고 자유롭게 일상생활을 유지하는 특이한 장면이 연출됐다. 국경에 걸쳐 있는 한 식당에서는 재미있는 에피소드가 전해진다. 예전에는 두 나라가 법률적으로 식당 문을 닫는 시간이 달랐는데 네덜란드의 문 닫는 시간이 되자, 식당 내 의자를 벨기에 쪽으로 옮겨 계속해서 식사를 이어가는 기발한(?) 에피소드도 있었다고 한다. 네덜란드나 벨기에 여행을 계획하고 있다면 두 나라의 국경에 있는 이곳 식당에서 국경을 마주 보고 식사하는 의미 있는 경험을 추천해 본다.

4.
미국-캐나다 국경,
한 건물에서 두 나라를 넘나들다

해스켈 도서관Haskell Free Library과 오페라 극장Opera House은 미국과 캐나다의 국경을 지나는 건축물이다. 미국 버몬트주 '더비라인Derby Line'과 캐나다 퀘벡주 '스탠스테드Stanstead'의 국경 바로 위에 세워진 이 건물은 여러모로 특이하고 흥미를 유발한다.

도서관과 오페라 무대는 캐나다에 속해 있고, 정문과 오페라 좌석 대부분은 미국에 속해 있다. 그래서 이 도서관은 '미국에서 책이 없는 유일한 도서관'과 '미국에서 무대가 없는 유일한 오페라 극장'이라고 불리기도 한다. 국경에 지은 건물로 이곳의 주소는 각각 나라의 주소를 가진다. 건물 내부에는 별다른 표시 없이 그저 검은 줄 하나로 국경선을 표시하고 있다.

건물은 의도적으로 국경선 위에 세워졌다고 하는데 도서관의 설립자 헤스켈과 그의 아들은 1901년 도서관을 만들 때 캐나다와 미국 양국 국민이 자유

애매모호해서 흥미진진한 지리 이야기

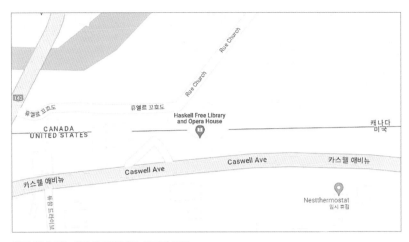

국경 위에 있는 해스켈 도서관과 오페라 극장

롭게 이용할 수 있는 건물을 원했다. 당시만 하더라도 국경을 넘나들 때 특별한 절차를 요구하지 않아서 이런 참신한 발상이 가능했다고 한다. 이곳 방문객들의 단골 포즈는 아마 국경선에 서서 한 발은 미국에, 다른 발은 캐나다에 걸쳐 둔 채 즐거운 표정을 하는 것이 아닐까 싶다. 이곳의 직원들은 캐나다 사람일까, 미국 사람일까? 이곳에서의 책은 프랑스어일까, 영어일까? 건물을 사이에 둔 두 나라의 표준시가 다르면 어떻게 될까? 이 건물은 어느 나라에 세금을 내고 있을까? 자유롭게 국경을 넘나들 수 있는 이곳만의 '애매모호한 장소성'은 여행자들에게 특별한 경험과 많은 상상력을 자극하기에 충분히 매력적인 곳으로 생각된다.

여권이 없더라도 도서관을 출입하는 것은 문제가 없으나 9·11 테러 이후에는 국경 간 이동이 더 까다로워졌기 때문에 이곳을 이동할 때도 여권이 필요해졌다. 하지만 많은 이용객이 이에 대한 불편을 호소하면서 특별 면허증

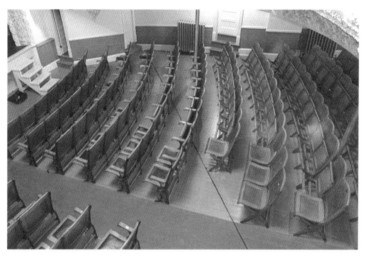

국경(검은 줄) 위의 해스켈 도서관과 오페라 극장

국경 위에 있는 오페라 극장 외부

애매모호해서 흥미진진한 지리 이야기

을 발급하는 방안으로 개선되었다고 한다. 다만 도서관을 벗어나 불법적으로 타 국가로 넘어가서는 안 되겠다. 건물 내부 곳곳에 보안카메라가 있고 국경 순찰대에 의해 저지될 수 있으니 국경 사이에서의 특별한 경험은 건물 안에서만 마음껏 즐기는 것으로 만족하자.

5.
아르헨티나-브라질-파라과이의
국경이 만나는 곳

지도에 표시된 3국
(출처: 위키피디아)

남아메리카의 이구아수강(지류)과 파라나강(본류)이 만나는 곳에 아르헨
티나, 브라질, 그리고 파라과이까지 3개국이 국경을 맞대고 있다. 이곳은 폭
4km, 최대 낙차 80m, 매초 6만 5000t의 수량을 뿜내며 세계 '최대 길이'를 자

애매모호해서 흥미진진한 지리 이야기

삼국의 접경지역
왼편이 파라과이, 우상단이 브라질, 우하단이 아르헨티나이다.

접경 지역인 마르코 다스 트레스 프론테라스(Marco Das Tres Fronteiras) 분수 광장에서 저녁마다 펼쳐지는, 세 나라 무용수들의 연합공연

이구아수폭포(출처: 위키피디아)

랑하는 이구아수폭포*와도 한 시간 거리 이내로 가까이 있다.

원래 이구아수폭포는 파라과이 영토였다. 그러나 브라질, 아르헨티나, 우루과이 삼국동맹전쟁에서 패배하면서 국토를 잃었고 당시 인구의 60%를 잃고 국력을 상실했다. 이에 이구아수폭포의 대부분을 빼앗겼지만, 지금은 자유롭게 국경을 오가는 모습이 평화롭고 활기차기까지 한다.

이렇듯 국경지대는 낯선 공간이 주는 힘과 문화적인 다양성 때문에 매력적인 장소가 된다. 이곳은 다양한 문화와 역사, 언어, 음식 등이 섞여 있는 곳으로서 방문하는 여행자들은 그들만의 독특한 경험을 즐길 수 있다. 다양한 사람들과의 교류와 소통을 통해 다른 문화와 관습을 배우고 이해할 수 있으며, 유연하고 개방된 태도를 함양할 수 있다. 또한 긍정적인 상호작용을 통한 지역 간 상호 발전을 촉진하고, 나아가 세계 평화와 이해를 증진하는 데도 중요한 역할을 할 수 있는 공간이다.

---

* 세계 '최대 수량'의 나이아가라폭포, 세계 '최대 깊이'의 빅토리아폭포와 더불어 세계 3대 폭포 중 하나이다.

애매모호해서 흥미진진한 지리 이야기

이구아수폭포와 국경

파라과이 시우다드델에스테Ciudad del Este(도시명 해석: (파라과이) 동쪽의 도시)에서 브라질-아르헨티나 국경 사이에 있는 이구아수폭포를 가기 위해서는 우정의 다리를 건너 브라질로 들어가야 한다. 양국 사이 국경에는 특별한 절차가 존재하지 않아 자유롭게 국경을 넘나들 수 있다.

여행자뿐만 아니라 브라질의 수많은 사람도 상대적으로 물가가 저렴한 파라과이(시우다드델에스테)로 건너와 물건을 사 가고는 한다. 또한 브라질의 복잡한 경제구조와 높은 세금을 피할 수 있고, 값싼 전력과 노조가 없는 파라과이의 저렴한 노동력 등의 매력 때문에 브라질 및 다국적기업의 생산공장도 시우다드델에스테에 많이 들어서고 있어 국경은 늘 복잡하고 붐비는 편이다. 어쨌든 다리 하나를 건너왔을 뿐인데, 사용하는 언어(에스파냐어-포르투갈어)와 화폐, 경관이 달라진다. 폭포는 브라질-아르헨티나 국경에 위치하고 있어, 폭포를 브라질에서 직접 보거나, 아르헨티나로 다시 건너가 볼 수도 있다.

이구아수폭포는 브라질과 아르헨티나에서 모두 국립공원으로 지정하였다. 인근의 관광도시에는 모두 폭포 이름이 들어가는데, 브라질의 포스두이구아나와 아르헨티나의 푸에르토이과수가 그렇다. 재밌는 것은 폭포가 유네스코 세계자연유산에 1984년과 1986년 두 번 등재된 사실이다. 두 나라 국경에 위치한 점이 비슷한 아프리카의 빅토리아 폭포는 짐바브웨와 잠비아가 폭포 자체를 공동등재했지만, 이구아수폭포는 두 나라의 국립공원으로 각각 등재되었기 때문이란다.

6.
'중간 지역'의 도시 재생, 핫플이 되는 과정

　도시가 성장하고 기능이 다양해지면서 도시 내부는 기능에 따라 여러 지역
으로 나뉘는 지역 분화가 일어난다. 일반적으로 상업·업무 기능은 도심으로
집중하려는 집심(執心) 현상이 나타나고, 주거·공업 기능은 도심에서 주변
(외곽) 지역으로 이동하려는 이심(離心) 현상이 나타난다. 도시 내 지역에 따
라 접근의 용이성, 토지 이용을 통해 얻을 수 있는 수익, 토지의 가격 등이 다
르기 때문에 기능별로 끼리끼리 분화되는 것이다. 그리하여 도심과 부도심은
고차 중심 기능을 수행하는 상업·업무 기능으로 우세해지고, 주변(외곽) 지
역은 주거·공업 등이 입지하면서 대규모 아파트 단지나 도심으로부터 이전
해 온 공장 등으로 즐비해진다.

　그런데 도심도 주변(외곽) 지역도 아닌 이른바 '중간 지역'이 나타나기도 하
는데 이는 상점·공장·주택 등이 혼재하는 지역이다. 점이지대인 중간 지역

애매모호해서 흥미진진한 지리 이야기

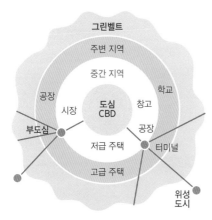

그린벨트
주변 지역
중간 지역
학교
공장
도심
CBD
창고
시장
부도심
공장
저급 주택
터미널
고급 주택
위성
도시

도시 내부 구조 모식도

은 지역의 분화가 덜 이루어진 곳이며 어떻게 보면 과도기적 성격의 애매한 지역으로서 각종 기능이 섞여 있는 곳이다. 서울의 성동구는 일찍이 시가지로 자리 잡은 금호동·옥수동 일대에는 가옥이 밀집되어 있고, 왕십리에서 을지로(乙支路)로 통하는 도로 연변에는 상가와 업무 기능이 발달했다. 중랑천 동쪽 지역은 신개발지이며, 성수동 일대는 영등포동과 구로동 다음으로 많은 공장이 입지해 있는 등 성동구는 대표적인 중간 지역이다.

서울 도심에 있던 공장들은 1990년대 외환위기 등을 겪으며 서울에서 비교적 땅값이 저렴했던 중간 지역인 성동구로 밀려나게 되었다. 성동구의 대표 제조업은 인쇄업·수제화 제조업 등으로, 성수동에만 현재 우리나라 전체 수제화 제조업체의 70%가 밀집해 있다. 구두를 디자인하고 제작한 후 판매까지 모두 한곳에서 이루어지는, 세상 단 한 사람의 신발을 만드는 장인들이 모여 있는 곳이다. 때문에 거리 곳곳을 돌아다니며 개성 있는 수제화를 구경하는 재미가 있다. 하지만 저임금노동력을 무기로 한 저가 신발 공세 등 외부환경 변화에 적응하지 못한 결과 성수동의 옛 제조업 명성은 쇠퇴하기 시작했다. 빼곡했던 공장들이 하나둘씩 서울을 떠나면서 빈 창고들도 늘어나게 되었다

이러한 성동구가 서울시에서 최다 도시재생*을 추진하면서 요즘 핫플이 되어 가고 있다. 중간 지역의 일부에서는 전통적으로 주거 지역이었던 곳의 주

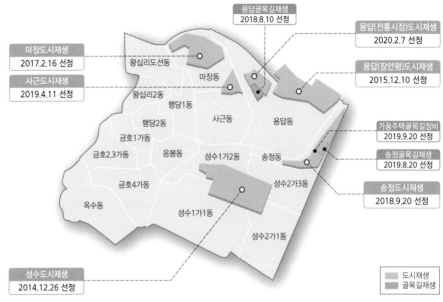

용답골목길재생
2018.8.10 선정

용답(전통시장)도시재생
2020.2.7 선정

마장도시재생
2017.2.16 선정

사근도시재생
2019.4.11 선정

용답(장안평)도시재생
2015.12.10 선정

가꿈주택골목길정비
2019.9.20 선정

송정골목길재생
2019.8.20 선정

송정도시재생
2018.9.20 선정

성수도시재생
2014.12.26 선정

왕십리도선동

마장동

왕십리2동

행당1동

행당2동

사근동

용답동

금호1가동

금호2,3가동

응봉동

성수1가2동

송정동

금호4가동

성수2가3동

옥수동

성수1가1동

성수2가1동

도시재생
골목길재생

서울시 성동구 도시재생 사업 현황(출처: 성동구청 홈페이지)

택들이 노후화되고, 공장들이 도시 외곽 등으로 이전하면서 재개발되기도 한
다. 그리하여 2010년대부터 폐공장 부지들이 있던 골목에 리모델링 된 공방,
스튜디오, 카페 등 문화 공간이 들어오기 시작한다. 이러한 곳은 거리나 건물
의 세월의 흔적을 고스란히 살리고 오래된 소품 등을 인테리어를 하는 등 이
색적인 공간으로 거듭나고 있으며 2010년대 본격적인 도시 재생이 진행되면
서 SNS 등의 입소문을 타고 젊은 세대들의 발걸음을 이끄는 핫플레이스가 되

---

* 도시재생이란 인구 감소, 사업체 감소, 주거환경 노후화 등 쇠퇴하는 도시를 물리적 환경개선뿐만 아
  니라 문화적·사회적·경제적 측면을 고려하여 주민과 소통하고 주민의 관점에서 생각하며, 지속 가능
  한 지역을 만들어 가는 과정이다.

애매모호해서 흥미진진한 지리 이야기

낡은 인쇄공장의 재탄생(출처: 성수도시재생지원센터 블로그)

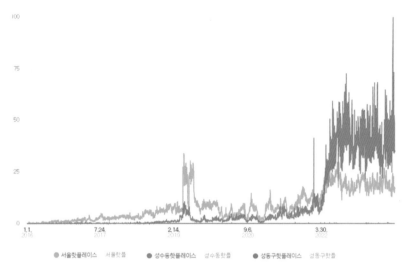

2016~2023년 성수동 핫플레이스(성수동핫플) 네이버 검색량 추이
최대 검색량을 100으로 한 상대값이다(출처: 네이버 데이터랩).

고 있다.

　쇠퇴해 가던 회색빛의 공장지대를 재해석하고 문화예술적 색채를 더해 사람들이 다시 찾는 곳, 차갑고 삭막해서 외부와 단절되었던 과거의 공간에서 레트로(복고) 감성을 찾아 새롭게 해석하고 '다름'을 소비하고 즐기는 '뉴트로 New-tro'의 상징이 되었다. 대표적으로 성동구의 성수동은 '성수도시재생'이라 하여 2014년부터 사업을 진행하고 있다. 사람들은 성동구를 가서 성수동을 찾는 것이 아닌, 성수동을 가서 성동구를 만나고 온다. 위의 그래프를 살펴보면 코로나 팬데믹이 끝나 가고 일상이 회복되면서 놀거리 검색이 전체적으로 늘어나는 모양새다. 그중에서도 '성수동핫플' 검색은 코로나 이전 '서울핫플' 검색보다 낮았지만, 일상 회복 이후 서울핫플 검색 증가율을 훨씬 넘어

애매모호해서 흥미진진한 지리 이야기

서는 것으로 보아 '성수동핫플'의 인기를 실감하게 한다. 구두 명장과 디자이너가 만나 현대적인 거리로 바뀐 수제화 거리, 카페, 공방, 스튜디오 등의 복합문화공간, 패션, 예술, 문화, 전시 등 여러 분야의 예술인들이 모여 만든 감성충전 공간은 도시재생으로 다시 태어나는 이곳의 매력을 한층 더해 준다. 예전의 공장을 개조해 만든 성수동 창고형 갤러리 카페 대림창고, 화학공장으로 쓰이던 것을 개보수해 조성한 성수연방, 인쇄공장의 재탄생 레이어57 등은 도시 재생의 대표 사례이다.

제7화

애매모호함의 전략

1.
중립국, 이쪽 편도 저쪽 편도 아닌 나라

   자국의 평화와 번영을 위해 어느 나라의 편도 안 드는 전략을 취하고 있는 국가가 있다. 이를 '중립국'이라고 표현할 수 있는데 가장 먼저 떠오르는 국가는 단연 스위스이다.

   스위스는 정치적·외교적 중립의 의무에 따라 영구적으로 다른 국가 간 전쟁이 일어나도 일절 가담하지 않고, 다른 국가들도 스위스를 침공하지 않음으로써 독립과 영토가 보장된 국가다. 이는 국제 조약에 의해 보장된 영세중립국(永世中立國)으로서 스스로 중립국을 선포하고 중립국 지위에 대한 주변국 동의를 얻는 수준과 방식이 아닌 그야말로 중립국의 끝판왕(완성형)이라 할 수 있다.

   스위스는 북쪽에 독일, 서쪽에 프랑스, 남쪽에 이탈리아, 동쪽에 오스트리아 등 지정학적으로 강대국으로 둘러싸여 있는 위치에 있다. 또한 유럽 중앙에 있어 동서·남북 간 유럽의 교통의 요충지로서 스위스 장악은 당시 교역에 있어서 여러모로 유리하였다. 따라서 주변 나라들로부터 많은 외침을 겪어 지배받은 경험이 많았다. 과거 로마의 침략과 게르만족의 이동, 비교적 최근인 1960년대 이민자의 급증 등으로 다양한 민족으로 구성된 다민족국가가 된 것은 그러므로 당연한 결과였다.

스위스는 독일어, 프랑스어, 이탈리아어, 로망슈어를 공식 언어로 규정한다. 스위스 연방의회는 모든 입법을 독일어, 프랑스어, 이탈리아어로 번역하여 공표하여야 하며, 학교에서는 각 주 정부의 공식 언어 이외의 외국어 교육이 의무화되어 학생 대부분이 공식 언어 이외에 1개 이상의 외국어를 구사할 수 있다.

스위스의 지리적 위치

애매모호해서 흥미진진한 지리 이야기

스위스의 4개 언어 분포지도

　강대국으로 둘러싸인 지정학적 상황과 다민족 다언어 국가라는 스위스의 이러한 특징은 자국의 내부 분열을 막고 영토를 보호하기 위해 주변 국가의 분쟁에 휘말리기보다는 분쟁에서 벗어나는 것이 적절하다고 판단하였다.

　그렇다면 스위스가 중립국 지위를 인정받은 것은 언제일까? 역사적으로 15~16세기부터 중립국을 표방해 왔으나, 나폴레옹 전쟁(1803~1815) 이후 유럽의 영토 질서를 바로잡고자 열린 1815년 빈 회의에서 스위스는 55개국의 승인을 받고 영세중립국이 되었다. 여기에는 프랑스·영국 등 유럽 열강들이 평화를 유지하기 위한 목적으로 스위스의 완충지대 역할을 기대하면서 독립과 중립국을 인정한 것도 있었다. 스위스 안팎의 상황을 고려할 때 중립국은 각 나라에 있어 최선의 선택일 수밖에 없었다.

　스위스는 영세중립국이 된 덕분에 1, 2차 세계대전을 피해 갈 수 있었으며,

냉전 시기에도 영세 중립을 유지할 수 있었다. 2차 세계대전 당시 독일은 군사력을 유지하기 위한 막대한 자원을 제3국으로부터 조달받고자 하였다. 하지만 독일에 석유를 파는 서남아시아 국가들은 전쟁 결과에 따라 휴지 조각으로 변할 수 있는 독일·미국·영국 등의 기존 화폐로 결제하기를 원치 않았다. 그래서 전쟁에 참여하지 않는 영세중립국인 스위스가 발행하는 화폐로 거래하기 시작했는데 전쟁 기간 이른바 기축통화 역할을 하기에 이른다. 그러면서 독일을 비롯한 전쟁 참여 국가들은 스위스 화폐가치가 안정적으로 유지되는 것이 중요했으므로 스위스를 공격하지 않은 것이 아니라 공격하지 못하게 되었다. 또한 스위스 산업은 금융, 무역업, 정밀공업으로 유명한데 그중에서도 금융업이 발달한 이유는 세계대전의 소용돌이 속에서도 재산을 가장 안전하게 보관할 수 있는 최적의 장소로 인식되었기 때문이다. 무역업의 경우에도 냉전시대 중립국인 스위스의 왕래가 자유로워 중개무역업이 원활히 이루어져 그 명성이 지금까지 이어지고 있다.

또한 중립국으로서 다양한 경제적 혜택과 국제정치의 중심지로서 위상도 독차지하다시피 하고 있다. 유엔유럽본부, 세계무역기구WTO, 세계보건기구 WHO, 국제노동기구ILO, 국제올림픽위원회IOC 등 30여 개의 주요 국제기구가 있고, 250개에 달하는 국제 NGO 단체들이 스위스에 본부를 두고 있어 각종 국제 행사를 통한 고부가가치 MICE* 산업에서 경쟁력을 갖추었다.

한편 스위스는 평화를 위해 전쟁을 준비하는 재미있는 나라이기도 하다.

---

* 좁은 의미에서 국제회의를 뜻하는 '컨벤션'이 회의·관광·전시·박람회 이벤트 등 복합적인 산업으로 해석되면서 생겨난 개념으로 볼 수 있다. MICE 관련 방문객은 규모도 크고 1인당 소비도 일반 관광객보다 월등히 높아 관광 수익뿐 아니라 일자리 창출 효과도 크다.

애매모호해서 흥미진진한 지리 이야기

스위스의 유엔 제네바 사무국

스위스는 어느 나라와도 동맹을 맺지 않았기에 만약 전쟁이 나면 스스로 방어를 해야 한다. 그래서 어떤 나라보다 전쟁 준비에 힘쓰고 국방의식을 갖추어야 한다. 군사력이 선택이 아닌 필수인 것이다. 남성은 군 복무 의무를 다한 후에도 그들의 총기는 가정에서 보관할 수 있으며 대형무기 등은 지자체 단위로 보관되어 있다고 한다. 2005년 기준 인구의 약 30%가 총기를 소지하고 있으며, 전투기지는 알프스 산지 지하에 요새화한 것을 비롯해 전국에 최소 80여 개의 기지가 있다. 군 시설과 학교에는 핵전쟁을 대비한 30만 개의 방공호가 있어 인구 대비 가장 높은 비율의 방공호를 자랑하며 이는 전 국민을 수용하고도 남는 능력이다. 무엇보다 정밀기계공업이 발달한 스위스가 만든 총의 위력과 눈 덮인 험준한 알프스 산지에서 게릴라 저격수가 버티고 있다면 당해낼 자가 있을까? 오죽했으면 세계대전 당시 유럽 전역을 불바다로 만들었던 히틀러가 '건드리면 벌집을 쑤시는 꼴'이라며 지나쳐 갔던 난공불락의 요새가 바로 중립국의 대명사 스위스이다.

2.
'캔버라'는 어떻게 호주의 수도가 되었을까?

일단 호주의 두 형님 도시, 시드니와 멜버른 이야기부터 시작해 보자. 호주하면 시드니가 가장 먼저 떠오른다. 시드니의 랜드마크 오페라하우스The Sydney Opera House가 만들어진 것은 약 50년 전쯤으로 무려 14년간 당시 1억

시드니의 여러 명소

애매모호해서 흥미진진한 지리 이야기

달러 이상의 건축비가 사용되었다고 한다. 가장 인상적이며 유명한 20세기 건축물로서 가치를 인정받아 2007년에는 세계문화유산으로도 지정되었다. 오페라하우스와 마주한 하버브릿지Harbour Bridge 사이 아름다운 항만에서는 페리가 오가고, 거리 예술가들의 공연 등으로 도시와 자연이 조화로운 생동 감 넘치는 매력을 발산하고 있다.

1788년 영국이 호주를 개척할 때 식민지 건설을 최초로 시작한 곳이 시드니이다. 이곳은 좋은 항구 조건을 갖추고 있고 육상교통로의 요지로서 식민지 정부의 중심지이자 행정 및 경제 중심지로 발전했으며 이후 호주 최대의 상공업도시로 발달하였다. 제2차 세계대전 이후에는 대규모 이민자들이 들어와 도시 인구 성장을 견인하였고, 2021년 기준 인구의 40% 이상이 해외 출신으로 구성된 대표적 다문화도시이기도 하다. 호주 최초의 도시, 오세아니아의 최대 도시, 에메랄드 도시라는 타이틀은 이러한 시드니를 수식하는 여러 표현 중 하나이다.

그러나 19세기 중반 이후 멜버른 인근에서 대규모 금광이 발견되면서 골드러시가 일어났고 멜버른은 호주에서 가장 부유한 도시 중 하나로 성장하게 되었다. 19세기 말에는 금의 산출량이 감소했으나 이후 농산물 가공을 비롯한 제조업이 발전하면서 광산 이직자를 흡수하였다. 또한 빅토리아주에서는 대형선이 들어갈 수 있는 유일한 항구였기 때문에 무역이 발달하고 각종 공업활동이 활발하게 이루어졌다. 멜버른은 19세기 이후 자본의 힘을 바탕으로 호주 최대의 도시를 넘보기 시작하는데 2000년대 중반까지만 해도 400만 정도였던 인구가 이민자 유입과 높은 출생률의 이유로 급증하여 2021년 기준 호주 인구 1위 자리(멜버른 487만 명, 시드니 485만 명)를 가져오기에 이

계획도시 캔버라의 방사환상형 도시 구조(출처: 위키피디아)

시드니와 멜버른 사이에 위치한 '캔버라'

애매모호해서 흥미진진한 지리 이야기

른다. 멜버른은 호주가 영국에서 독립한 1901년부터 1927년까지 호주의 임시 수도 역할을 한 도시이기도 하다.

이렇듯 시드니와 멜버른이 호주에서 가장 큰 도시로 성장할 수 있었던 것은 개척 초기에 시드니가 중요한 입구 항구로서 역할을 했다는 점, 이후 멜버른이 산업적으로 급격히 성장하면서 호주의 중심 도시로 부상했던 것이 그 이유라 할 수 있겠다. 지금의 시드니는 금융 등의 경제 및 관광 중심 도시가 되었고, 멜버른은 문화와 교육 중심 도시로서 기능이 분산된 호주를 대표하는 두 도시가 되었다.

그렇다면 시드니와 멜버른을 제치고 호주의 수도가 캔버라로 정해진 이유는 무엇일까? 1901년 호주는 영국으로부터 독립을 했고 각 주를 통합하는 하나의 호주 연방을 형성하였다. 그리고 그 연방을 상징하는 한 나라의 수도를 정해야만 했다. 수도 후보로는 단연 시드니가 거론되었다. 호주의 상징과도 같은 도시이자 호주 인구 2,500만 명 중 약 5분의 1이 살고 있으며 호주에서 유럽계들의 역사가 가장 오래된 역사적 도시로서 유력한 후보였기 때문이다. 하지만 경쟁 후보인 멜버른은 시드니에 비해 수십 년 발전이 늦어졌지만 막강한 자본력을 바탕으로 급성장했고 수도 유치에 함께 뛰어든다. 이해관계 때문에 두 도시는 양보 없는 과다한 경쟁을 하였고 정치적 문제까지 유발하기에 이르러 결국 중립성을 갖춘 새로운 도시 건설을 추진하게 된다.

호주 정부는 새 수도의 위치를 선정하기 위한 세계적 공모를 시작하였고 선정 과정은 주요 도시의 영향에서 벗어나 수도의 미래 성장과 요구를 수용할 수 있는 부지를 찾는 것을 목표로 하였다. 다양한 도시들의 제안과 설계가 공모되었는데, 그중에서도 특히 캔버라의 제안이 주목을 받았다. 시드니와 멜버른 중간인 수도 준주Australian Capital Territory(ACT)에 위치한 캔버라는 1913년 새 수도로 선정되고 착공하여, 임시 수도였던 멜버른에서 1927년 캔버라로 수도는 이전되었다.

수도를 캔버라로 이전하기로 한 결정적이고 주요한 이유는 다음과 같이 정리해 볼 수 있다. 먼저 지리적 사항이 중요한 역할을 했다고 볼 수 있다. 캔버라의 내륙 위치는 전쟁 중에 잠재적인 해군 공격으로부터 멀리 떨어져 있기 때문에 어느 정도의 국가 안보를 보장하는 데 유리할 것이라 판단하였다. 무엇보다 시드니와 멜버른의 중간에 위치한 지리적 장점은 두 도시 간의 형평성과 중립성을 모두 고려하고 두 도시가 모두 만족한 정치적 타협의 산물이다. 또한 캔버라는 호주의 다양한 지역과 연결하기 쉬운 중앙 위치에 있어 통합적인 국가 정부의 기능을 수행하기에 적합하다고 여겨졌다고 한다.

또한 호주에서 가장 큰 두 도시인 시드니와 멜버른 사이에 위치하여 국토의 균형 잡힌 개발을 이끄는 데도 도움이 되었다. 호주 국토의 대부분은 사막, 스텝과 같은 건조기후라서 사실상 정주 환경적으로 적합한 곳은 동부 해안 쪽이 대부분이다. 그중에서도 온대기후가 나타나는 호주의 동남부 쪽은 주요 개발 가능 지역으로 꼽을 만한 지역이다. 따라서 호주 전체로 본다면 역시나 한쪽으로 치우쳐진 수도 개발 계획같지만, 현실적으로 가능한 선택지 가운데서는 비교적 균형 개발을 추구하고 있다고 판단해도 틀린 말은 아닌 셈이다.

최근 호주의 시드니와 멜버른은 호주 연방 정부의 인구 집중 완화 정책으로 새로운 이민자들의 유입이 통제된다는 발표가 보도되었다. 이는 특정 도시의 인구 급증에 따른 도시 인프라 부족으로 각종 도시 문제가 발생하면서

애매모호해서 흥미진진한 지리 이야기

도시 사람들의 삶이 질이 점점 낮아질 수 있다는 우려에서 나온 것이라 판단할 수 있다. 만약 호주의 수도가 시드니나 멜버른으로 결정되었다면 이러한 도시 문제와 국토 불균형 발전은 더욱 심화되었을 것이다.

정리하자면 캔버라는 시드니와 멜버른 사이의 중간 위치에 있는 이점을 활용해 어부지리로 수도가 되었다. 이후 중앙정부 기관들과 각국의 대사관 등이 캔버라로 이전되었고, 호주 국회의사당, 호주국립대학교 등이 자리 잡았다. 무엇보다 자연과 잘 조화를 이루고 있는 캔버라는 도시 중앙에 호수를 배치한 뒤 사방으로 뻗어 나가는 도로망을 배치하고 건물들이 숲으로 둘러싸이게 하는 등 자연환경과의 조화를 이루는 데 초점이 맞춰졌다. 도시의 녹지율이 70%에 이르는 캔버라는 도시와 정원이 잘 어우러진 분위기를 내어 숲속의 수도Bush Capital라는 별명이 붙을 정도라고 한다. 현재 캔버라는 인구 약 40만 명으로 대한민국의 사실상 행정 수도 역할을 하는 세종특별자치시와 인구가 비슷하며 호주에서는 가장 큰 내륙도시가 되었다.

3.
전략적 모호성이 절실한
대미(對美)·대중(對中) 관계

    세계 패권을 향한 미국과 중국의 갈등 상황 속에서 두 나라를 상대할 우리 나라의 전략을 고민해 보자. 먼저 중국부터 살펴보자면 중국은 1970년대 개혁개방을 시작으로 2001년 WTO에 가입하면서 본격적으로 글로벌화되었다. 미국은 중국이 WTO에 참여하면 미국의 제품을 수입하는 것뿐만 아니라 민주주의의 소중한 가치인 경제적 자유도 수입할 것이라 착각하였다. 즉 경제성장이 공산주의를 무너뜨리고 민주화를 촉진할 것으로 판단한 것이다. 하지만 중국은 세계의 공장이라고 불리면서 기술을 도입하고 기술을 확산시키면서 계속 성장하였고, 미국의 생각과는 다르게 도광양회*를 하고 있었다. 그 덕분에 경제력, 과학기술 수준, 군사력 등 전반적인 부분에서 선진국 수준

---

* 도광양회(韜光養晦)란 어둠 속에서 자기의 재능을 감추고 때가 오기만을 기다리며 부족한 부분을 갈고 닦는 것을 말한다.

에 못 미치던 중국은 국가 간의 마찰과 견제를 피하면서도 국력을 키울 수 있었다.

나아가 중국의 빠른 경제성장 속에서 2008년 미국 경제가 글로벌 금융위기의 타격을 맞으면서 미국 중심의 자본주의가 흔들렸던 상황들이 생겼다. 중국이 급부상하면서 무서운 추격세로 쫓아오는 와중에 미국 경제가 충격을 받으면서 미·중 사이 격차가 많이 축소되었다. 격차의 폭과 줄어드는 속도를 살펴보던 미국의 입장에서는 위기감을 느끼고 중국이 빠르게 추격하는 것에 대해 어떻게 대응할지 고민이 많아지게 되었을 것이다.

실력을 숨기며 능력을 키워 왔던 중국의 도광양회 정책은 시진핑 주석의 등장으로 폐기되기 시작한다. 10개 첨단분야에서 세계 1등을 하겠다는 '중국제조 2025'와 유럽과 아시아를 연결하는 '일대일로(一帶一路, 육해상 실크로드)' 등 중국몽(中國夢)을 대외적으로 선언한 것이다. 중국은 중화민족의 부흥을 외치는 위대한 중국몽(中國夢)의 발톱을 노골적으로 대외에 드러내며 시주석의 3차례 연임으로까지 이어지고 있다.

그리하여 미국은 G2로 급부상한 중국이 팍스 아메리카나Pax Americana의 유일 패권을 넘보는 상황을 억누르기 위해 군사적·경제적으로 '중국 때리기'와 함께 '국제 왕따 고립정책'을 추진하고 있다. 트럼프 정부에서 시작된 미·중 무역전쟁은 기술전쟁을 넘어 이제는 통화금융전쟁으로 번지고 있는 양상이며, 이러한 중국 때리기는 바이든 정부로 들어서면서 점차 광범위하고 조직적으로 진행되는 듯했다. 또한 미국이 우리나라를 포함한 동맹국에게 보내는 중국 견제 정책 참여 호소는 그 어느 때보다도 노골적이고 적극적이기에 두 강대국 사이에서 우리나라의 전략이 중요한 시점이다.

그러한 현상의 일환으로 미국은 지난 2022년 11월 중간선거를 준비하는 과정에서 '미국 우선주의'를 대놓고 강화하고 있다. 그중 대표적인 '인플레이션 감축법IRA'은 미국산 부품을 사용한 전기차에만 보조금을 지급하고, 미국 현지 생산 없이 수출 중인 한국, 일본, 유럽 등의 전기차의 경우 보조금 지원 대상에서 제외한다는 것이다. 2025년까지 미국에 13조 원 규모의 공장을 짓고 투자하겠다던 현대차는 미국에 8,000명 이상의 일자리를 창출할 것이라고 바이든의 감사 인사를 받았지만, 뒤통수를 맞은 듯한 IRA로 인해 우리나라 자동차 가격 경쟁력 약화가 예상돼 시장 점유율이 줄어들 수밖에 없다.

　최근 미국은 중국의 반도체 생산기업에 미국산 첨단 반도체 장비 판매를 금지하고, 반도체칩에 대한 수출을 통제하겠다는 조치를 공식적으로 발표했다. 중국 내 생산시설이 중국 기업 소유일 경우 수출 전면 금지, 외국 기업이 소유한 경우 개별 심사하겠다는 게 미국의 입장인데, 결국 미국의 허락 없는 반도체 거래를 원천 봉쇄하겠다는 속내를 드러낸 셈이다. 중국에 공장이 있는 삼성과 SK하이닉스는 수출규제 1년 유예를 받았지만 시한폭탄을 안고 있는 상황이나 다름없어 보인다.

　이렇듯 미국의 공급망 재편은 중국을 견제하려는 목표를 내세우고 있지만 반도체, 전기차, 배터리 등 미래 산업에 대해 자국 기업 중심으로 키워 세계 공급망 패권을 지배하겠다는 생각이다. 메이드 인 아메리카를 기치로 내세운 '미국 우선주의'는 더욱 강화될 것이고 국내 일자리 감소, 주요 품목 수출액 감소 및 핵심 기술 유출 등은 우리의 삶에도 직접적으로 악영향을 미칠 것이다. 미국의 검은 속내에 휘둘리고 이용만 당해서는 안 된다. 일본 경제를 망가뜨리고 30년 늪에 빠지게 한 플라자 합의가 주는 교훈을 새겨야 한다. 달

　　　　　애매모호해서 흥미진진한 지리 이야기

러 강세를 멈추기 위해 일본 엔화 가격을 조정했던 이 합의로 인해 달러가 약세로 돌아섰고 미국 제조업의 경쟁력이 다시 높아졌다. 1990년대 초반까지 반도체 양대 산맥이었던 일본은 엔고 현상이 나타나 일본 반도체 기업의 영향력이 줄어들고 반도체 패권에서 미국에게 패배해 저물어 가기 시작한 것이다. 우리나라의 입장을 분명히 전달하고 전략적인 외교정책을 구사하여 경제적 실리를 챙기고 독보적인 기술을 지켜야 하는 이유이다.

세계화로 국가 간 거래가 활발하게 이루어진 결과 우리나라의 경우에는 중국을 중심으로 한 아시아 역내 무역의 비중이 확대되는 추세이다. 과거 한국의 주요 무역 상대국이었던 미국과 일본의 비중이 축소되고 중국의 비중이 증가하는 추세가 뚜렷하다는 것은 각종 무역 통계를 살펴봐도 쉽게 알 수 있다. 산업통상자원부와 한국무역협회에 따르면 2021년 우리나라 최대 교역국이 중국인 것은 우리나라 경제가 중국의 영향을 크게 받고 있다는 사실을 보여 주고 있다.

한국은 미·중 경쟁의 상황에서 전략적으로 모호한 태도를 견지해 오다 최근 '균형 외교' 노선을 접고 한미동맹 강화 발전을 외교정책의 최우선 목표로 설정하고 미국과의 친밀도를 높이는 모양새다. 이는 상대적으로 중국과의 협력 공간이 좁아지고 자칫 관계가 불편해질 수 있는 상황이 연출되고 있어 우려되는 부분이다.

한편 중국은 우리나라의 이런 행보가 못마땅한 눈치다. 우리나라가 미국이 동맹 및 파트너 국가를 포섭해 만드려는 경제협력체인 'IPEF(인도양·태평양 경제 프레임워크)' 창립 멤버로 참여하고, 한국-일본-미국-대만의 반도체 공급망 협력(칩4)에도 관심을 보이자 불편한 기색을 표출했다. 미국의 목적이 중국 주도의 'RCEP(역내 포괄적 경제동반자 협정)'를 견제하고 인도양·태평양 지역에서 확대되어 가는 중국의 경제적 영향력을 억제하는 데 있었기 때문이다. 시 주석은 2022년 11월 한중 정상회담에서 "경제 협력을 안보화하는 데 반대한다"라고 단호히 밝히면서 한국이 미국 주도의 대중국 견제에 깊숙이 가담하는 데 강한 불만을 드러내기도 했다.

중국은 한·미·일 간 합동군사훈련 등 군사적 협력뿐만 아니라 고고도 미사일 방어체계(THAAD·사드) 배치에 대해서도 크게 우려하면서 추가 배치 및 기존 배치한 사드 운용 제한 등을 계속 요구하는 중이다. 한·미·일 3각 동맹으로 기우는 태도와 미국이 주도하는 중국 견제 연합전선 참여 태도를 경계하는 것이다. 이에 대한 반작용으로 북·중·러의 3각 동맹이 강화된다면 한반도 평화 및 남북관계 개선에는 악영향을 미칠 것이다. 북한의 연쇄적 미사일 도발과 핵실험 위협에도 중국은 북한에 대한 제재는커녕 이에 대해 시큰둥한 반응으로 일관하고 있다. 또한 중국의 대만 침공설과 미국이 중국-대만 간 전쟁에 개입할 경우 국제전으로 비화할 가능성도 배제할 수 없으며, 북한과의 무력 충돌이 상존하는 한반도는 안보 리스크를 넘어 엄청난 경제적 리스크로 작용될 것이다.

미·중 패권 경쟁이 치열해지고 우리의 입장이 어려워질수록 한국은 전략적 모호성이 필요하다. 흑백논리의 이분법적 접근이 아닌 균형 감각을 유지하면서 두 강대국 사이에서 국익을 최우선으로 하는 실리외교를 전략적으로 펼쳐야 한다. 고래 싸움에 등이 터질 것인가? 아니면 강대국 사이에서 한반도 리스크를 최소화하면서 어부지리를 취할 것인가? 국가의 미래와 성쇠를 결정하는 외교 지혜가 그 어느 때보다 중요한 시기이지 않을까 싶다.

애매모호해서 흥미진진한 지리 이야기

어느 한쪽 편에 서지 않는 줄타기 외교의 모범인 인도 사례에서 우리는 배워야 한다. 인도는 미국이 주도하는 안보협력체인 쿼드Quad의 일원이면서도 중국·러시아와도 협력 관계를 유지하는 중이다. 우크라이나 침공 이후에도 인도는 대(對)러 제재에 불참하고, 우크라이나 위기 책임이 러시아에 있음을 명시한 유엔총회 결의안에도 기권했으며, 러시아산 원유 수입도 늘린 상황을 두고 최근 서방 언론에서는 미국보다 중·러와 더 가까운 것 아니냐는 주장이 나올 정도 중립 외교를 구사하면서 실리를 추구하고 있다. 인도에서는 외교뿐 아니라 국내 정치에서도 "어느 한쪽 편에 서지 않는다"라는 원칙을 고수한다고 한다. 인도는 러시아와 우크라이나 간 전쟁을 방관하는 게 아니라 원칙을 지키고 있다는, 인도는 누구의 편도 아닌 '평화의 편'이라던 란가나탄 주한 전 인도 대사의 말은 우리에게 큰 깨달음으로 다가온다. '영원한 동맹도, 영원한 적도 없다'라는 국제정치의 오랜 명제를 다시 한 번 깊이 새겨야 할 상황이다.

4.

사찰 같은 성당과 원주민을 닮은 성모상

1900년 인천 강화에 건립된 성공회 강화성당은 전통 한옥 구조물과 서양 기독교식 건축 양식의 만남으로 만들어진 건축물이다. 언뜻 보기에는 사찰과 같은 외부 모습이지만 내부 구조는 기독교 교회의 전형적인 바실리카 양식* 평면 구성을 통해 서양의 종교의식을 완벽하게 수행할 수 있도록 지어졌다. 성당을 지을 목재를 구하기 위해 백두산에서 적송을 사 오고 영국에서 철골을 구해 왔다고 하니 동서양의 최고 재료를 엄선하여 융합한 것도 대단하다. 영국 신부는 새롭게 지어진 성당이 조선 사람들에게 친숙하게 다가갈 수 있도록 경복궁 중건 공사에 참가한 도편수들과 함께 동서양의 융합 건축 양식으로 성당을 지었다. 기독교 복음 전파라는 본질을 위해 형식 면에서는 친

---

* 313년 크리스트교의 공인 이후 교회가 건축되며 도입되고 발전하게 된 교회 건축 양식으로, 이후 고딕식 성당 건축 등에 영향을 주었다.

234 　　　　　　　　　　　　　　　　　애매모호해서 흥미진진한 지리 이야기

대한성공회 강화성당(출처: 문화재청)

근하게 다가갈 수 있도록 배려하고 현지화한 서양 선교사들의 진심이 느껴진다. 비로소 가장 한국적인 강화성당이 탄생한 것이다. 만약 애매모호한 모습이 아닌 서양 전통의 성당 모습을 띠었다면 우리나라의 기독교 역사는 어떻게 되었을까?

토착문화와 외래문화가 융합된, 비슷한 사례가 하나 더 있다. 과거 멕시코 일대는 고유의 발전된 문명이 있었고 전통적으로 태양신을 숭배하고 있었다. 1500년대 초반 에스파냐 군대가 멕시코에 들어오면서 가톨릭교가 전해졌으나, 원주민들은 형식적으로 가톨릭교를 받아들였을 뿐 여전히 자신들의 토착신을 섬기고 있었다. 가톨릭교에서는 더 많은 종교 전파를 위하여 가톨릭 신앙과 현지 종교를 융합시키기 위해 노력하였고, 과달루페 성모는 그 대표적인 사례로 꼽힌다.

과달루폐 성모상은 원주민 여성처럼 검은 머리에 갈색 피부를 갖고 있어 이질감 없이 그들에게 다가갈 수 있었다. 무엇보다 남미 전통 의상을 입은 모습이 친근한 인상을 주어 그들의 마음을 열었을 것이다. 인디언들에게 최고의 신을 상징하는 청록색을 망토의 주색으로 삼고, 시대의 시작과 끝을 나타내는 별을 망토에 새긴 점이 그들에게 앞으로 새로운 시대가 올 것이라는 믿음을 주었을 것이다.

과달루폐의 성모(출처: 위키피디아)

1531년 멕시코 과달루폐에서 발현된 성모 마리아와 이후 건립된 성당으로 성모 발현 후 7년 만에 당시 멕시코인 800만 명 중 대부분이 가톨릭 신자가 되었다고 한다. 이후 과달루폐 성모는 멕시코의 수호자로 선포되었고 멕시코인들의 신앙 속에 깊이 자리 잡았다. 멕시코의 한 소설가가 "가톨릭 신자가 아니더라도 과달루폐의 성모를 믿지 않는다면 진정한 멕시코인이라고 할 수 없다"라고 할 정도로 과달루폐의 성모는 보통의 멕시코 사람들에게도 정신적 지주와 행운을 상징하는 유일무이한 지위를 차지하고 있다.

애매모호해서 흥미진진한 지리 이야기

5.
메타버스 오페라, 예술과 기술이 만나다

메타버스 오페라 〈퓨처데이즈〉 포스터
(출처: 퓨처데이즈)

현실과 비현실을 오가면서, 가상세계에서도 예술작품의 현장성을 충분히 느낄 수 있다면?

분야를 초월하여 융합하고 새로운 해석과 접근을 통한 독창적인 창조성은 새로운 역량으로 우대받는 시대가 되었다. 이는 자체로서도 엄청난 경쟁력이며 새로운 가치를 만들어 내면서 다양한 문화를 만들어 내기도 한다.

회화, 음악, 무용, 영상, IT 등 다양한 장르의 아티스트와 기술 전문가들이 모여 예술과 기술을 융합한 미래지향예술 콘텐츠를 선보이는 그룹이 있다. 2019년 세계 최초 XR 전시 〈퓨처데

〈퓨처데이즈-순간을 경험하다〉(2019) XR 전시(출처: 퓨처데이즈)

이즈-순간을 경험하다〉를 개최하여 문화예술계와 IT계의 주목을 받기 시작했고, '확장된 새로운 경험'을 선사하며 메타버스 예술 분야를 선도하고 있는 퓨처데이즈(김인현 예술감독)가 그 사례이다.

XR(확장현실)은 가상현실VR, 증강현실AR, 혼합현실MR을 포함한 몰입형 기술을 총칭한다. 예술에 있어 '확장현실XR' 기술은 새로운 표현을 가능하게 하고 예술의 영역을 확장할 수 있게 하는 새로운 도구가 되고 있다.

VR, AR, MR, Volumetric 3D Capture 등과 같은 '가상현실 기반 기술'에 의한 표현방식을 넘어 숲과 바다 등 설치미술Installation Art로 현실 세계를 구성하거나 실제의 자연환경을 배경으로 삼아 소리, 냄새, 바람과 같은 다차원 감각기관을 자극한다. 또 관람자의 외부 인터페이스를 통해 시각, 청각, 촉각 등의 오감을 자극하는 몰입형immersive 감상을 제공하여 실제와 유사한 공간적인 체험 위에 가상을 더한 초현실적 경험을 가능하게 만들었다. 이는 예술과 기술의 융합을 통해 예술가의 상상을 작품으로 실현하고, 관람자에겐 상호작용이 가능한 관람을 제공하는 것에 중점을 둔 것이다.

감독은 현실의 물리적 공간을 인식하지 않는 새로운 공연의 가능성을 실현하려 기획한 것이기에 게임의 요소와 느낌과 비슷해 보일 수도 있지만, 게임과 본질적으로 다른 점은 기존의 공연예술의 현장성, 순간성, 일회성 등을 극대화하는 메타버스의 요소를 적극 활용하여 제작했다고 강조한다(문화다양성 즐기기 포스트).

현대의 소비자는 새롭고 독특하면서도 재미있는 경험을 찾아다닌다. 메타버스 기술과 다양한 문화예술 분야가 융합되어 새로운 장르를 창조하고 새로운 감성을 자극한 사례를 통해 우리가 새롭게 융합하고 창조할 것은 무엇일까 고민해 본다.

6.
스타벅스의 창조적 문화 융합과 현지화

차(茶)의 진심인 나라 중국에서 스타벅스가 성공한 전략은 무엇일까? 중국 커피 시장은 세계에서 가장 빠르게 성장하고 있는 시장 중의 하나로서 전체 스타벅스 성장과 이익에 큰 영향력을 미치는 곳이다.

중국은 석회암 지대가 많아 수질이 나쁘기 때문에 물을 끓여 먹는 습관이 있어 차 문화가 발달하였다. 대체적으로 기름진 음식이 많은 것도 원인이 될 수 있는데 차는 이를 중화시키는 작용이 있어 차에 대한 애정이 각별한 나라이다. 스타벅스는 중국인들의 자존심을 건드리지 않도록 차 문화 중심의 중국 문화를 존중하고 문화적 갈등을 최소화할 전략을 고민하였다.

흔히 스타벅스는 커피만 파는 것이 아닌 문화를 판다는 이야기를 한다. 미국인들이 테이크아웃을 많이 하는 경향이 있는 반면, 중국인들은 카페에 머무르며 책을 보고 대화하는 등 공간에서 느끼는 안식을 중요하게 여긴다는

240

인사동 스타벅스의 한글 간판(출처: 위키피디아)

점을 고려해 가정과 직장 사이에 쉬며 충전할 수 있는 이상적인 아지트를 제공하였다. 그럼으로써 자연스럽게 새로운 커피 문화를 경험하도록 유도하였고 브랜드 충성도를 높이고자 하였다.

사실 스타벅스가 가진 브랜드 파워는 일관성에서 나온다. 세계 어느 매장에서도 비슷한 맛과 서비스를 제공하는 것에 원칙을 두고 명성을 유지했다. 하지만 이런 스타벅스도 기본 원칙을 무너뜨리지 않는 선에서 최대한의 차별화 현지화를 꾀하고 있다. "현지 문화와 맛에 적응하라"라는 스타벅스의 지역 마케팅을 실현하고 있는 것이다. 스타벅스는 브랜드의 정체성을 양보하고 중국 전통에 맞추어 새롭게 재구성함으로서 중국 현지에서 무리 없이 융합될 수 있었다.

각 나라 전통과 문화와 융합하는 전략은 간판과 외관에만 그치지 않고 로컬 메뉴를 개발하는 데까지 이어진다. 그중 하나가 바로 '떡 패스트리'이다.

대한민국 서울 인사동 스타벅스의 경우 이 지역의 문화 상징성을 살리고 타 매장과의 경쟁력을 높이기 위해 한국의 음식을 상징한 떡과 서양의 빵을 조화시킨 퓨전 메뉴를 선보이기도 한다. 그 외에도 한국인 입맛에 맞는 메뉴와 서비스 개발이 이루어지고 있는데 우리 농산물을 이용한 '라이스 칩'과 '유자 패션 피지오'를 비롯해 한국만의 맞춤형 메뉴만 70여 종이 될 정도이다.

이렇듯 스타벅스의 현지화 전략은 과감하면서도 철저하기까지 하다. 스타벅스의 이러한 절묘한 융합의 노력은 오히려 사람들에게 새롭고 독특한 감성을 제공하면서 사람들과 언론에 회자되기도 한다. 스타벅스의 브랜드 가치가 갈수록 높아지고, 그들이 제공한 문화 경험을 소비하는 충성된 고객은 많은 부분 '섞임'이라는 창조적 융합에서 나온 사실을 기억해야 하겠다.

스타벅스 파트너의 경우 커피 전문가가 가장 많고 미술, 디자인 등의 예술 전공자들이 그 뒤를 차지하고 있다는 사실도 주목할 만하다. 이는 다양한 굿즈를 기획하고 매장 내부의 감성 인테리어를 통해 다른 커피숍들과 차별화된 공간을 팔고 있는 것이다. 때로는 커피숍인지 미술관인지 착각하게 만드는 공간이 스타벅스의 매력이다. 2017년부터 '문화가 있는 날 행사'를 통해 매장에 설치된 무대 시설에서 문화예술 인재들이 재능을 발휘할 수 있도록 후원 프로그램도 운영 중에 있다. 커피를 넘어 문화를 향유하는 공간으로 확장해 나가는 스타벅스의 모습이다.

한약 내음 가득한 시장에서 다시 태어난 '스타벅스 경동1960점'은 1960년 대 지어진 이후 현재는 사용되지 않는 폐극장을 리모델링 했다. 기존 옛 극장의 감성을 그대로 담아내고 안락함과 웅장함을 살리는 쪽으로 인테리어 콘셉트를 구상하였다. 멋진 천정 철재와 목조 트러스를 부각하고, 모든 좌석이 무

애매모호해서 흥미진진한 지리 이야기

스타벅스 경동1960점(출처: 스타벅스)

대를 향하면서도 공간이 드라마틱해 보이도록 국내 유명 조명설계팀과 협업해 설계를 진행했다고 한다. 로컬 아티스트가 꽃, 줄기, 열매, 잎사귀 등 커피나무를 요소마다 해체해서 커뮤니티를 상징한 설치미술을 배치한 것도 특이하다.

오래된 공간의 독특하고 예스러운 멋을 살려 내고 새롭고 다채로운 경험을 제공함으로써 MZ세대들의 감성 놀이터가 된 것이다. 뉴트로를 찾아 즐기는 젊은 세대들의 전통 시장 유입으로 주변 상권에도 긍정적인 영향을 주는 모델이 되고 있다. 새로운 관점으로 공간의 가치를 재해석하고 새롭게 창조해 나가는 스타벅스의 도전 정신이 대단하게 느껴진다.

7.
성장하는 기업의 비결,
다양성과 포용성의 시너지

다양성이 능력보다 중요하다.

－경제학자 스콧 페이지

다양성을 우선순위로 삼을 것을 맹세합니다.

－로지텍 CEO 브레이큰 대럴

관점이 다양할수록, 문제를 해결하려는 사람들이 찾아낼 수 있는 잠재적
실행 가능성을 갖춘 해결방안의 범위가 넓어진다.

－미국 심리학자 필립 테틀록

문화적·인종적·세대적·이념적 다양성은 조직의 발전을 촉진하는 데 중

요한 역할을 한다. 이러한 다양성을 구현하기 위해서는 모호함을 허용해야 할 필요가 있다. 이를 통해 다양한 인재를 활용하고 서로 다른 관점에서 세상을 바라보고 존중하면서 다양성을 포용하는 기업 문화를 형성할 수 있기 때문이다.

기업이 매출과 영업이익으로만 평가받던 시대도 끝났다고 말한다. 이제는 ESGEnvironment, Social, Governance 경영이라고 해서 환경·사회·지배구조라는 지표를 기준으로 지속 가능한 가치 창출 여부가 기업의 미래를 결정하고 있다. ESG 측면에서 성과가 좋은 기업들이 투자도 많이 받고, 장기적인 수익도 높아지고 있는 현실이다. 특히 조직에서의 다양성·형평성·포용성diversity·equity·inclusion: DEI을 중요시하는 ESG 경영의 S(사회)부문의 중요성이 강조되고 있다. 이는 특히 코로나 팬데믹 이후 기업이 사회에서 어떤 역할을 수행하고 이해관계자들을 어떻게 대우하는지가 관심사가 되었다. 기업이 직원, 협력업체, 지역 사회, 소비자를 어떻게 대하느냐가 철저하게 검증되고 있어 사회적 책임을 다하지 못한 기업에 대한 시선은 갈수록 싸늘해지고 있다.

다양성diversity이란 한 조직 내에 다양한 배경을 가진 구성원을 갖추는 것을 말한다. 이는 국적, 성별, 종교, 이념, 인종, 나이 등을 포함하며 이러한 개개인의 다양성을 중요하게 여기는 가치이다.

형평성equity은 조직원 개개인의 차이를 인정하고 이를 토대로 구성원 모두가 공평한 성장의 기회를 제공받을 수 있도록 하는 가치이다. 모든 사람에게 균등한 지원을 제공하는 평등Equality과는 차이가 있다.

포용성inclusion이란 다양한 배경을 가진 조직원들의 다름을 인정하고 존중받는 것을 넘어 소속감을 느끼며 일할 수 있는 가치를 말한다. 소속감을 느끼

며 적극적으로 활동에 참여할 때 개인의 잠재력이 발휘되고 조직의 경쟁력을
높이는 데 도움을 준다는 가치이다.

EQUALITY　　　　　　　　**EQUITY**

평등(Equality)과 형평성(Equity)의 차이

다양성 보고서를 발간하는 글로벌 기업

기업	다양성 보고서 명칭	발간 시작 연도
에이티엔티 (AT&T)	다양성, 형평성, 포용성 연례보고서 Diversity, Equity & Inclusion Annual Report	2014
우버 (UBER)	사람과 문화 보고서 People and Culture Report	2017
구글 (Google)	다양성 연례보고서 Diversity Annual Report	2018
넷플릭스 (Netflix)	넷플릭스 미국 시리즈 및 영화 대본의 포용성 Inclusion in Netflix Original U.S. Scripted Series & Films	2021
아이비엠 (IBM)	다양성과 포용성 보고서 Diversity & Inclusion Report	2020

　　　　　　　　　　　애매모호해서 흥미진진한 지리 이야기

3M	글로벌 다양성, 형평성 및 포용성 보고서 Global Diversity, Equity & Inclusion Report	2021
월마트 (Walmart)	문화, 다양성, 형평성, 포용성 보고서 People and Culture Report	2014
모건 스탠리 (Morganstanley)	다양성과 포용성 보고서 Diversity and Inclusion Report	2020
GE	다양성 연례보고서 Diversity Annual Report	2020
스냅챗 (Snapchat)	다양성 연례보고서 Diversity Annual Report	2020
이베이 (ebay)	다양성, 형평성 및 포용성 보고서 Diversity, Equity & Inclusion Report	2016
PwC	다양성, 형평성 및 포용성 보고서 Diversity, Equity & Inclusion Report	2020
BP	다양성, 형평성 및 포용성 보고서 Diversity, Equity & Inclusion Report	2020
딜로이트 (Deloitte)	다양성, 형평성, 포용성의 투명성 보고서 Diversity, Equity and Inclusion (DEI) Transparency Report	2021
마이크로소프트 (Microsoft)	글로벌 다양성과 포용성 보고서 Global Diversity & Inclusion Report	2019
테슬라 (Tesla)	다양성, 형평성 및 포용성 임팩트 보고서 Diversity, Equity and Inclusion impact Report	2020
뉴욕타임즈 (New york Times)	다양성과 포용성 보고서 Diversity and Inclusion Report	2017

(출처: S in ESG, 사회적가치연구원)

개인의 다름을 인정하고 존중하는 문화가 커진 요즘, 이러한 다양성을 보장하고 경쟁력을 갖춰 나가는 기업들이 화두가 되고 있다. 상당수의 미국 기업들이 다양한 DEI 계획 수립에 힘을 쏟고 있으며, 활동과 성과들을 보고서로 발간하는 기업들도 눈에 띄게 증가하고 있다. 글로벌 시장조사업체 트레일리언트Traliant는 미국 내 경영진들의 79%가 DEI를 위한 새로운 계획 수립 및 계획 실행에 대한 추가적인 투자에 대해 긍정적인 반응을 보였다고 밝혔다.

몇 개 기업의 다양성 전략 사례를 구체적으로 살펴보고자 한다. 볼보VOLVO 그룹은 직장에서의 포용성과 다양성을 촉진하는 최초의 범유럽 약속에 서명하였다. 다양성을 열정적으로 추구하는 볼보는 190개 국가에서 140개에 가까운 국적을 지닌 사람들이 함께 일하는 다양성에서 힘을 얻는다. 직원 고유의 개성을 충분히 발휘할 수 있는 환경을 조성하여 개인의 능력을 온전히 발휘하여 성과를 얻도록 지원한다. 다양한 관점은 보다 스마트한 의사 결정을 내리고 최첨단 혁신으로 성과를 향상시킨다고 확신한다. 다양한 관습과 종교, 인종 배경을 포용함으로써 새로운 트렌드에 더 빨리 반응하고 새로운 가치를 창출해 나가는 것이다.

볼보는 공정한 리더십 개발의 기회를 창출하기 위해 모든 팀에서 각 젠더 35~50%를 차지하도록 노력하며, 다섯 세대에 걸친 다양한 연령대의 직원들을 통해 오랜 경험 노하우를 전수받고 신선하고 창의적인 관점을 결합하여 업무 효율화와 창의성을 높이고 있다.

이러한 다양성은 성별, 인종, 배경, 장애 및 특별한 재능 등에 국한된 것이 아니라 사회의 전체 스펙트럼에서 온 모든 범위의 재능을 환영하는 것이다.

직원의 고유한 능력에 집중하여 특수능력을 갖춘 직원을 최소 5% 고용하는 것을 최우선 과제로 삼는 경우도 있다. 고급 촉각을 사용하여 페인트와 차체의 결함을 찾는 시각 장애인을 고용한 사례는 다른 사람이 볼 수 없는 것을 보는 고유한 능력에 집중한 성공적인 사례다. 이 밖에도 청각장애인의 경

애매모호해서 흥미진진한 지리 이야기

우 산만함을 듣지 않기 때문에 종종 더 잘 집중할 수 있다고 말한다. 이렇듯 볼보는 다양한 환경에서 더 열심히 일하고, 더 많이 생각하고, 더 많은 영감을 얻고, 더 많은 가치를 창출하고 기여한다는 확신을 현실로 보여 주고 있다. 2020년 일하기 좋은 기업 선정위원회Great Place to Work 및 『포춘Fortune Magazine』에서 볼보 기업을 세계 최고의 직장 25곳 중 하나로 선정한 것은 결코 우연이 아니다.

넷플릭스Netflix는 인종과 성별, 출신 지역에 상관없이 다양한 배경의 인재를 모집하고, 이들이 가진 여러 가지 시각과 경험을 바탕으로 보다 전문적이고 창조적인 작업을 수행할 수 있도록 지원한다. 또한 고객에게 다채로운 콘텐츠를 제공함으로써 다양성을 존중하고 강화한다. 여러 크리에이터와 협업하여 만드는 콘텐츠는 고객들의 다양한 요구를 충족시키는 데 큰 역할을 하면서 세계시장에서 인기를 끄는 비결이 되고 있다.

이러한 넷플릭스는 2021년 엔터테인먼트 업계 최초로 'Inclusion Takes Root at Netflix(넷플릭스에 포용이 뿌리내리다)'라는 제목으로 다양성 보고서를 발표하였다.

넷플릭스 직원은 포용성을 염두에 두고 회사 안팎의 모든 문제, 결정 및 회의를 살펴봐야 한다. 그들은 이것을 '포용 렌즈'라고 부르며, 직원들은 누구의 목소리가 빠져 있는지와 같은 질문을 한다. 이 보고서에서 넷플릭스는 포용의 관점에서 "누가 제외되는가?", "누구의 목소리가 빠져 있는가?", "우리는 이것을 진정성 있게 묘사하고 있는가?"에 대한 질문을 던짐으로써 차이를 포용하고, 편견과 소외된 것을 찾아 이를 바로잡는 과정을 담았다.

넷플릭스는 자사 콘텐츠의 캐릭터와 핵심 인력을 대상으로 조사 비교한 결과 '스크린 앞'에서의 여성 주인공 비율은 미국 여성 인구 비율 50%에 근접해 남성 주인공의 비율과 균형을 이루었다. 이는 미국 흥행 영화에서의 여성 주인공 비율이 아직 40% 초반에 머물고 있는 것과 비교하면 상대적으로 높은 수치이다. '카메라 뒤 통계'에서도 미국 흥행 영화와 비교했을 때 넷플릭스 영화에서의 여성 감독 비율은 2배 이상 높았다.

나아가 보고서에서는 카메라 뒤 여성의 비율이 스크린 앞 여성의 비율에 영향을 준 것으로 나타나고 있다. 또한 아프리카계 작가, 감독, 직원 등의 증가로 인한 콘텐츠에서의 아프리카계 주인공 비율이 늘어난 사례를 제시한다. 이는 핵심창작인력과 캐릭터의 다양성을 확대하기 위해서는 기업의 인적 구조(성별, 인종별, 국가별 등)에서부터 포용성을 높여야 하며 이를 위해 기업의 합의와 노력이 필요하다는 것을 시사하고 있다.

넷플릭스는 이 보고서에서 미국 업계 평균보다 높은 다양성을 보였으며, 22개 평가항목 중 19개 항목이 전년 대비 다양성이 높아진 것으로 판단했다. 넷플릭스는 영상산업에서의 자사의 비전과 방향성을 잘 보여줬으며, 동시에 영상콘텐츠산업에서의 다양성과 성평등의 중요성을 강조하고 있었다(박영주, 2022).

아이비엠IBM은 회사의 뿌리 깊은, 다양성의 역사를 바탕으로 소외된 이들을 위한 연대와 책임 있는 자세로 다양성과 포용성 보고서를 발간하고 있다. 또한 1990년 미국 장애인법이 통과되기 76년 전부터 장애인을 적극 고용하였고, 1953년 미 시민권법보다 11년 앞서 미국 최초로 '평등한 채용' 정책을 적용하였다. 이처럼 정부 정책보다 빠르게 다양성의 가치를 존중하고 실행하면서 다양성 문화를 오랫동안 만들어 왔다.

애매모호해서 흥미진진한 지리 이야기

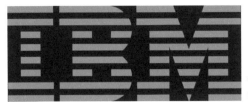

아이비엠 로고(International
Business Machines)(출처: IBM)

아이비엠은 8개의 줄무늬 '꿀벌Bee'을 자사의 심벌로 삼고 있으며, 'Be Equal(동등해지자)'를 자사의 다양성 구호로 삼고 있다. 이처럼 '다름'을 경쟁력으로 인식하고 접근하고 있는데 다양한 그룹(히스패닉, 아프리카계, 아시아인, 여성, 원주민, 장애인, 참전용사, 성소수자)의 역량을 강조하는 여덟 가지의 색으로 구분해 사용하고 있다. 서로 다른 차이 속에서 경쟁력이 될 수 있는 혁신이 나온다는 것을 강조하는 것이다.

이를 통해 아이비엠은 세상을 주도하는 혁신을 창출하고 가치 소비를 지향하는 트렌드를 선도하고 있다. 다양성을 포용하는 기업 이미지를 높여 고객들에게 친근함을 주고, 다양성을 통해 경쟁력을 확보하는 문화를 가진 진정으로 스마트한 IT 회사가 아닐까 싶다.

아이비엠 최고경영자인 아르빈드 크리슈나Arvind Krishna 회장은 2020년 6월 세계경제포럼에서 "안면인식 기술을 비롯해 관련 소프트웨어를 더 이상 개발·배포하지 않겠다"라고 발표한 것은 인상적이다. 자사의 안면인식 소프트웨어가 인권 및 프라이버시 침해 우려가 있다며 안면인식 기술을 규제하는 법이 마련될 때까지 이 기술을 제공하지 않겠다고 선언한 것이다. 시민을 감시하고 인종 분류의 목적으로 사용되는 안면인식 기술 사용을 금지한 것은 인종차별적이고 비인권적 요소에 저항한다는 회사의 다양성 철학을 실천한 사례다. 기술이 궁극적으로 지향해야 할 가치는 무엇일까? 기술은 궁극적으로 인권을 신장하고 자유를 보장하는 데 기여해야 한다. 기술은 결국 '사람'을 지향해야 하며, 기업이 '다양성'을 포용할 때 혁신과 성장, 그리고 지속 가능성도 동반될 것이다.

하버드 비즈니스 리뷰HBR는 2018년 8개국 1,700개 이상의 다양한 업종과 회사를 대상으로 다양성이 기업 성과에 미치는 영향에 대해 조사했다. 분석 결과 학력, 성별, 연령, 업종 등의 다양성이 평균 이상인 기업은 19%의 높은 혁신적 수익과 9% 높은 EBITEarning Before Interest and Taxes 세전영업이익을 달성한 것으로 파악했다. 성별이나 학력, 신분의 차별로 다양성이 보장되지 않는 국가에서는, 이러한 변화를 빨리 수용할수록 더 높은 혁신과 성과를 기대할 수 있다는 사실을 깊이 새겨야 할 것이다.

애매모호해서 흥미진진한 지리 이야기

8.
인구 위기와 이민 논의, 그리고 다양성 사회

　1949년 인구 집계 이래 처음으로 2020년 대한민국의 총인구가 줄었다. 2019년 전년도보다 2만 명 감소한 5,182만 명으로 사망자 수가 출생자 수보다 많아진 인구 데드크로스dead-cross를 맞기도 하였다. 통계청 예측 결과 향후 10년간 연평균 6만 명씩 감소해 2030년에는 5,120만 명 수준으로 감소하고, 2070년에는 3,766만 명에 이를 전망이다. 그야말로 인구 절벽 시대가 현실이 되고 있다. 사실 성별·연령별 인구 구조를 통해 장래를 예측하는 것은 정해진 미래나 다름없다고 전문가들은 말한다.

　단순한 인구 감소만의 문제가 아니라 심각성을 더한다. 자세히 살펴보면 우리나라는 지속적인 저출생의 영향으로 2016년 생산가능인구가 3,704만을 정점으로 급격히 감소하고, 65세 이상 노년층 인구 비율은 14%를 넘어 이미 '고령 사회'에 진입했다. 합계출생률은 해마다 기록을 갱신하며 2022년에 이

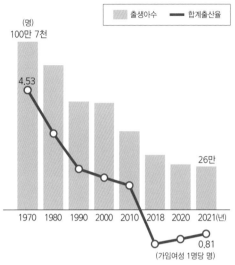

우리나라 출생아수 및 합계출산율 추이
(출처: 통계청)

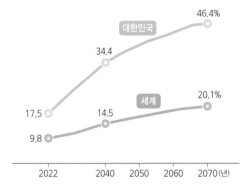

세계와 한국의 65세 이상 고령 인구 구
성비(출처: 통계청)

르러서는 사상 최저 0.78명을 기록했다. 현재 인구가 유지되기 위해 필요한 합계출생률이 2.1명인 것을 감안할 때, 우리나라의 인구는 빠르게 붕괴할 것으로 예상되고 이는 세계 최저 출생률이다. 또한 전 세계에서 가장 빠른 속도로 진행되고 있는 고령화로 인해 우리나라는 2025년 노년층 비율이 20%가

애매모호해서 흥미진진한 지리 이야기

넘는 '초고령 사회'로 진입할 예정이다.

국가의 인구정책은 모든 정책의 근간이 되어야 하며, 한 국가의 인구수는 곧 경제력·군사력·문화력 등의 미래 국가경쟁력으로 직결된다. 그런 점에서 우리나라의 인구위기는 대한민국 미래에 대한 위기가 아닐 수 없다. 인구위기가 아무리 정해진 미래라고 해도 최대한 늦추는 방법이라도 강구해야 할 판이다.

인구는 출생·사망이라는 자연적 증감과 유입·유출이라는 사회적 증감의 합으로 결정된다. 우리의 경우 추세나 청장년층들의 현실을 감안할 때 자연적 증가를 기대하기에는 현실적으로 어렵다. 현 인구 수준을 유지하거나 인구를 늘리기 위해서는 적극적인 이민 정책을 통해 유출보다 유입 인구를 늘리는 것(인구 순유입) 외에 대안이 없는 상황이다. 그런 점에서 우리 사회는 이민에 대해 긍정적인 공론화 과정이 반드시 필요하며, 다양한 사람들과의 사회통합을 위해 다양성 사회에 대한 이해와 소통, 상생 전략이 요구된다. 이것은 대한민국의 경제성장을 지속하고 국가경쟁력을 유지하는 수단이면서 동시에 지구촌 시대를 살아가는 세계시민의 마땅한 책무라 할 수 있다.

2020년 기준으로 유엔UN은 전 세계적 국제 이주자 수를 2억 8,059만 명으로 추산한다. 이는 2020년 기준 전 세계 인구(78억 명) 중 3.6%에 해당하며, 최근 교통 통신의 급격한 발달과 세계화로 20년 동안 매년 평균 2.4%씩 증가한 수치가 코로나로 인하여 잠시 주춤했으나 이후 증가세는 지속될 것으로 예상된다.

국내에서 체류하는 외국인 수도 또한 1990년 산업연수생 제도를 도입해 외국인 근로자를 받아들이고 1990년대 중반 결혼이민자가 유입되면서, 2005년

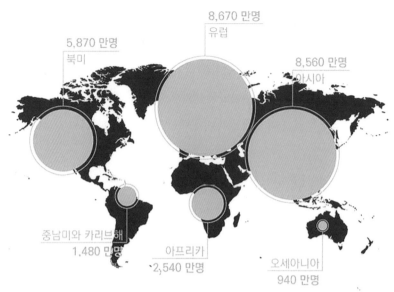

2020년 중반 국제 이주자(출처: MIGRATION DATA PORTAL)

국제 이주자 동향

연도	국제 이주자 수(명)	세계 인구 중 비율(%)
1970	84,460,125	2.3
1975	90,368,010	2.2
1980	101,983,149	2.3
1985	113,206,691	2.3
1990	152,986,157	2.9
1995	161,289,976	2.8
2000	173,230,585	2.8
2005	191,446,828	2.9
2010	220,983,187	3.2
2015	247,958,644	3.4
2020	280,598,105	3.6

(출처: World Migration Report 2022, 23.)

애매모호해서 흥미진진한 지리 이야기

75만 명, 2010년 116만 명, 2015년 190만 명으로 10년 만에 2.5배 증가하였다. 그리고 코로나 직전 2019년에는 250만 명의 외국인이 국내에 체류하고 있었던 것으로 법무부는 추산했다.

이에 발맞추어 우리는 적극적 이민 유입 정책을 펼쳐 저출생·고령화 등의 인구 문제를 해결할 방안으로 삼아야 한다. 이민자를 통해 경제활동 인구 증가를 꾀하고 국가 경제를 성장시켜 사회 발전을 이루려는 시도는 이미 여러 나라에서 진행 중이다. 전통적으로 이민을 통해 성장해 온 미국, 캐나다, 호주 및 저출생 고령화의 대안으로서 이민을 허용하는 독일 같은 경우는 이민의 긍정적 효과를 강조하며 이민 허용을 통한 인구 유입을 적극적으로 활용하는 편이다. 반면 이민의 일부 부정적 영향을 고려하여 한시적으로 인력을 활용하는 일본과 같은 국가는 소극적 이민 정책을 취하고 있다.

그나마 희망적인 점은 여성가족부 국민 다문화 수용성 조사(2018)에서 연령이 낮아질수록 이민자에 대한 수용성 지수가 높게 나타난 것이다. 또한 이주민과의 관계가 가족이나 친구, 교사 간처럼 긴밀한 경우 포용적이고 개방적인 태도가 높은 것으로 나타났다. 앞으로 살아갈 세대들에게 국적·종교·문화가 다른 것은 단순한 차이일 뿐 더불어 살아가야 할 존재로서 이민자를 여기는 점은 그래도 다행스럽다. 또한 학령기 아이들의 바람직한 세계관을 위해서라도 인종 민족 국가주의를 넘는 세계시민교육이 보다 내실화되고 체계화되어야 할 것으로 보인다.

다양한 국가·인종·문화를 배경으로 하는 이민자들이 환영받는다고 느끼고 이들의 다양성이 포용되고 정착되어 지속 가능할 수 있도록 사회 분위기와 제도 환경을 만들기 위한 노력도 이루어져야 한다. 다양한 국가의 상호 문화 이해를 바탕으로 다름을 이해하고 존중하며 나아가 상생하고 연대할 수 있는 '같이의 가치'가 절실히 요구되는 시점이다(숲과나눔 블로그, 2021).

9.
'다름과 섞임' 속에서 경쟁력을 찾은
다문화국가 호주

　세계에서 가장 성공한 다문화 사회를 꼽으라면 미국, 캐나다, 싱가포르, 호주 정도가 떠오른다. 호주 내부에서 다양성의 포용은 호주의 성공을 주도해 왔고 미래 호주의 번영에 도움이 된다는 가치와 비전에 대한 공유가 확고하다. 최근 진행된 보이스 오브 오스트레일리아Voice of Australia 설문 결과에 따르면 호주 국민의 91%가 다문화주의는 호주에 유익한 역할을 해 왔다고 평가했으며, 86%가 다른 여러 국가로부터 이민자를 받아들임으로써 호주는 더 강력한 국가가 되었다고 판단했다. 3~4년이 지난 후 자신의 삶은 어떻게 될 것이라고 생각하는 설문에는 84%의 국민이 지금과 같거나 나아질 것이라고 응답해 부정적으로 대답한 16%와 대비를 이룬다(Social Research Centre, 2021).

　호주가 처음부터 이민자들에게 관대하고 인종주의와 차별이 없었던 것은 아니다. 호주의 이민 역사를 살펴보자면 19세기로 거슬러 올라간다. 당시 호주는 남동부 금광 개발과 북동부 사탕수수 산업 개발로 노동력 공급이 절실했는데, 이때 중국을 비롯한 아시아계 인종들의 이민이 활발하게 이루어졌다. 1850년 골드러시 및 농장 노동력 투입으로 호주의 인구가 급증하고 교통통신 및 제조업이 발달하면서 나라가 점차 부강해졌으나, 이민자에게 일자리를 빼앗긴다고 느낀 유럽계 노동자의 불만이 커지기 시작했다. 결국 호주 정부는 유색인종 이민을 제한하는 차별정책을 추진하게 되었고, 이는 유럽계만을 우대하고 우선하는 호주 정책을 칭하는 백호주의(1901~1978)가 되어 호주의 잘못된 민족 정체성을 형성하는 계기가 된다.

하지만 유색인종을 차별하고 이민을 제한하면서 노동력이 부족해졌고 호주의 산업과 경제, 국방이 흔들리기 시작했다. 결국 1978년에 이르러서야 호주 정부는 차별정책을 공식 폐지하였고, 이후 투자이민 등 유색인종의 이민을 적극 장려하고 정착도 지원하면서 대표적인 이주 희망국으로 변해 갔다. 코로나로 인한 국경 이동이 제한되기 전까지만 하더라도 매해 20만~30만 명에 이르는 이주자들이 호주에 유입되어 지금은 유럽계가 아닌 비유럽계 및 아시아계가 약 20%를 차지하는 민족 구성을 보인다. 통계적으로 보면 그렇지만 실제로는 현재 인구의 절반에 가까운 사람들이 해외에서 출생했거나 적어도 그들의 부모 중 한 사람이 해외에서 출생했다는 호주 정부의 발표가 있을 정도로 다문화 사회가 되었다.

호주 정부는 이민자들이 지역 사회에 잘 적응하고 언어·문화·인종·종교 등에 따라 차별받지 않으며 자유·법치·민주주의 등의 공유된 가치 아래 모두가 존중받고 동등한 기회를 누릴 수 있도록 다양한 다문화 정책 및 프로그

애매모호해서 흥미진진한 지리 이야기

호주의 다양한 다문화 정책 및 프로그램

다문화적 접근 및 형평성 정책

정부가 시행하는 각종 서비스와 프로그램이 언어적·문화적 배경을 불문하고 모든 호주인을 대상으로 수립되고 필요를 충족할 수 있도록 보장

성인 이민자 영어 프로그램

이민자와 난민들이 보다 용이하게 호주 사회에 사회적·경제적으로 참여할 수 있도록 기본 영어와 정착기술을 습득하도록 지원

다문화 축제Harmony day

다양한 다문화 축제를 지원하고 하모니데이를 지정하여 호주 사회를 구성하는 모든 민족에 대한 포용, 존중 그리고 소속감을 지향하는 메시지를 전파하고 기념함

이민자 포용 미디어 정책

호주의 주요 미디어 매체(라디오, TV, 신문)에서 다국적 언어 서비스 및 다양한 문화 미디어를 제공하도록 지원

시민권 발급

자격(시민권 시험 통과 및 맹세 선언)이 되는 신규 이민자들이 호주 사회의 온전한 구성원으로서 권한 및 의무 부여

난민 대상 특화된 정착 지원 제도

난민과 인도주의 프로그램을 통해 유입된 신규 입국자들을 대상으로 최대 5년간 영어, 자립적 일상생활 영위를 위한 필수 교육, 취업 기술 습득 등 특화된 지원 프로그램 제공

램을 지원하고 있다.

호주는 이렇게 실효적이고 강력한 다문화 지향 정책을 펼침으로써 일부 국가에서 다문화로 인한 사회적 갈등이 극대화되어 국가적 분열과 위기를 보이는 이 시기에도 여전히 다양성을 경쟁력으로 세계에서 귀감이 되는 성공적인

다문화국가가 되었다.

그렇다면 호주의 다문화는 사회적·경제적·문화적인 면에서 어떻게 긍정적인 영향을 끼치고 있을까? 사회적인 측면에서 호주는 선진국 중 최고 수준의 인구 증가율*을 보이는데, 이는 중국이나 인도 같은 개발도상국으로부터 건너온 이민자들이 호주에 정착하고, 이들이 다시 높은 출생률로 이어지기 때문이다. 일반적으로 출생률은 선진국보다는 개발도상국이 상대적으로 높게 나타나는 편인데, 시리직 특성상 아시아 태평양 연안의 이민자들이 대거 유입되면서 인구의 사회적 증가와 자연적 증가를 동시에 불러오고 있는 것이다.

또한 이민 전 단계로 여겨지는 유학생들의 교육비 수입으로 정부의 교육 분야 재정이 증대되고 있다. 고학력 기술이민자들의 유입은 호주 전체 국민의 최종 학력 평균 수준을 향상시키는 긍정적 효과를 나타내고 있으며, 무엇보다 외곽 낙후 지역 기술이민의 경우 대도시 편중 현상을 완화하고 지역경제를 살리는 효과를 보이는 것으로 나타난다.

경제적 측면에서는 지속적으로 유입되는 젊은 층의 이민자들은 경제활동인구로서 노동에 적극 참여하고 소비활동을 함으로써 내수 경제 활성화를 주도하고 있으며 초고령화로 인한 복지예산의 적자 발생이라는 악순환을 개선하고 있다. 또한 다민족국가로서 이들의 다양한 출신국과의 경제적 연계는 다양한 투자를 유치하고 자본을 유입하는 매개가 되는 것으로 드러나고 있다. 호주는 OECD 연평균 경제성장률에 비하여 높은 성장률을 보이는 편이

---

* 2017년 세계은행 기준 호주의 인구 증가율은 1.59%이다. 참고로 대한민국은 0.43%이다.

애매모호해서 흥미진진한 지리 이야기

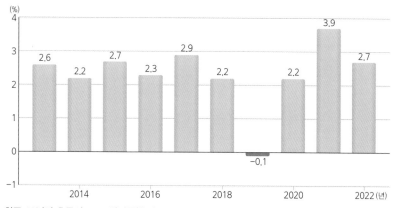

최근 10년간 호주의 GDP 성장률(출처: TRADING ECONOMICS)

며 한때는 선진국에서 가장 잘나가는 경제성장을 보이기도 하였고, 코로나 시기를 제외하고는 2% 이상의 GDP 성장률을 보이고 있다.

문화적 측면에서는 다양한 문화, 전통, 언어, 종교, 인종, 출신 국가의 사람들로 구성되어 자연스레 호주 사회는 다양성과 포용성을 강조하는 문화가 형성되었다. 이민자들은 자신의 문화적 특성과 아이덴티티를 유지하면서 호주 사회에 통합되어 살아가고 있다. 이는 다양한 문화를 가진 사람들이 서로의 가치관, 문화, 음식, 예술 등에 대한 이해도를 높여 주고 상호 간의 존중과 협력을 촉진할 수 있는 배경이 된다. 또한 다양한 문화가 만나면서 새로운 아이디어와 관점이 생겨날 수 있으며 문화적인 차이와 다양성은 창의성과 혁신을 유발하여 사회적·경제적 발전에 기여할 수 있는 장점이 되기도 한다.

서로 다른 색깔과 형태를 가진 퍼즐 조각들이 모여 하나의 멋진 그림으로 완성될 때 진정한 아름다움이 탄생한다. 다양한 배경을 가진 개인들이 함께 어울려 공동의 가치와 목표를 향해 협력하고 소통하면서 다채로운 이야기를 만들어 가는 호주의 사례는 다른 국가들에도 영감을 준다. 그런 점에서 호주의 힘은 어쩌면 '다름과 섞임'에서 오는 것이 아닐까. 호주는 오늘도 서로 다른 관점과 경험을 공유하며 더욱 강해지고 성장해 나가는 중이다.

애매모호해서 흥미진진한 지리 이야기

참고문헌

강원창조경제혁신센터 블로그(출처: https://blog.naver.com/creativegw/221086102411)

경기도 DMZ 비무장지대(출처: https://dmz.gg.go.kr)

김성호, 『생명을 보는 마음』, 풀빛, 2020.

김형자, 「신종 바이러스 예고? 북극의 미생물이 깨어나고 있다」, 주간조선, 2021.1.2.(출처: http://weekly.chosun.com/news/articleView.html?idxno=16694)

문화다양성 즐기기 포스트, 「메타버스 전시와 오페라, 〈퓨처데이즈〉를 말하다(김인현 예술감독)」(출처: https://naver.me/xPplDzcY)

박민수, 「[공장식 축산을 고발한다5] 어디로 가는가, 고기의 미래는」, 뉴스퀘스트, 2022.9. 28.(출처: https://www.newsquest.co.kr/news/articleView.html?idxno=10046 8)

박영주, 「'다양성 보고서'에 공들이는 글로벌 기업」, 한경ESG, 2022.5.24.(출처: https://www.hankyung.com/economy/article/202204042348i)

빅스비 트래블 블로그(출처: https://blog.naver.com/google_com123/222973429673)

서울문화IN, 「아니 그것이 백남준 작품이었어?」, 2021.9.9.(출처: https://blog.naver.com/ostw/222499816512)

서울시 성동구 도시재생 사업 현황, 성동구청 홈페이지 https://www.sd.go.kr

성수도시재생지원센터 블로그(출처: https://blog.naver.com/prologue/PrologueList.naver?blogId=sd_seongsu)

숲과나눔 블로그(출처: https://blog.naver.com/korea_she/222456244574)

엘 고어의 기후 프로젝트, 「[기후프로젝트] 코로나에 몰두하는 사이 심상찮은 지구 기후… "북극권 빙하·영구동토층 위기"」, 제주환경일보, 20221.4.8.(출처: http://www.newsje.com/news/articleView.html?idxno=236467)

윤경철, 『대단한 지구여행』, 푸른길, 2017.

이로재김효만 건축사 사무소 홈페이지(출처: http://www.irojekhm.com)

이상욱, 「[인문학 산책] 자연 질서의 보편성을 따르라 『중용』」, 본헤럴드, 2019.4.17.(출처:

http://www.bonhd.net/news/articleView.html?idxno=6415)

이솜, 「신장 위구르·일대일로 다 걸렸다··· 화약고로 부상한 '와칸회랑'」, 천지일보, 2021.8. 19.(출처: https://www.newscj.com/news/articleView.html?idxno=891 944)

이영광, 「360도 다양한 관점 다루는 BBC, 한국에서 왜 안 되나」, 오마이뉴스, 2017.8.15.(출처: http://www.ohmynews.com/NWS_Web/View/at_pg.aspx?CNTN_CD=A00 02350753)

이영애, 「[표지로 읽는 과학] 양이 사라지면 식물 다양성이 감소하는 이유」, 동아사이언스, 2022.11.12.(출처: https://www.dongascience.com/news.php?idx=57051)

이정아, 「[표지로 읽는 과학]줄어드는 동물 다양성, 지구상 식물도 위기 다가온다」, 동아사이언스, 2022.1.16.(출처: https://www.dongascience.com/news.php?idx=51751)

차용구, 「인간이 그어놓은 경계, 자기가 판 함정」, 한겨레21, 2021.1.16.(출처: http://h21.hani.co.kr/arti/society/society_general/49841.html)

프럼에이(fromA) 홈페이지(출처: https://froma.co/)

허영식, 『다양성과 세계시민교육』, 박영스토리, 2017.

허환주, 「20년 뒤 사라지는 지방, '메가시티'로 산업생태계 구축해야」, 프레시안, 2022.5.24. (출처: https://www.pressian.com/pages/articles/2022052317515163096?utm_source=naver&utm_medium=search)

호리구치 토시히데, 윤선해 역, 『커피 교과서』, 벨라루나, 2012.

CLUI 홈페이지(출처: http://www.clui.org)

Jana-Maria Hohnsbehn, David F. Urschler, Iris K. Schneider, Torn but balanced: Trait ambivalence is negatively related to confirmation, *Personality and Individual Differences* 196, 2022.

MIGRATION DATA PORTAL 홈페이지(출처: https://www.migrationdataportal.org/themes/international-migrant-stocks)

VIVIDMAPS 홈페이지(출처: https://vividmaps.com)

TRADING ECONOMICS 홈페이지(출처: https://tradingeconomics.com)

애매모호해서 흥미진진한 지리 이야기

초판 1쇄 발행 2024년 2월 29일

지은이   김성환

펴낸이   김선기
펴낸곳   (주)푸른길
출판등록 1996년 4월 12일 제16–1292호
주소   (08377) 서울시 구로구 디지털로 33길 48 대륭포스트타워 7차 1008호
전화   02–523–2907, 6942–9570~2
팩스   02–523–2951
이메일   purungilbook@naver.com
홈페이지 www.purungil.co.kr

ⓒ 김성환, 2024
ISBN   978–89–6291–090–2   03980

• 이 책의 인세 절반은 국제어린이양육기구(컴패션)에 기부합니다.